楽しみながら学ぶ
電磁気学入門

山﨑 耕造 著

共立出版

はじめに

　古典物理は力学と電磁気学との二本の柱で成り立っており，自然科学の中でもっとも基礎的な学問分野である．拙著「楽しみながら学ぶ物理入門」（共立出版）では，ページの半数を力学に関する説明に割き，残りに熱，波，電気，原子，生命，宇宙を記載した．そこでは，電磁気学は 1 章のみでかなり限定した記述しかできなかった．基礎物理学や力学の講義用の拙著「楽しみながら学ぶ物理入門」の姉妹書として，電磁気学を概観できる「楽しみながら学ぶ電磁気学入門」を作成した．これは，半年 14 回の講義用として作成したものである．

　前著「楽しみながら学ぶ物理入門」と同様に，各章ごとにまとめのキーポイント，本文，例題，演習問題を記した．また，電磁気に関連しそうな映画の予告編ビデオを通じて電磁気の課題に興味をもってもらうように「映画の中の電磁気」の記載も含めた．さらに，「電磁気クイズ」や，電磁気学関連の「科学史コラム」も各章の終わりに記載した．

　宇宙には 4 つの力（重力，電磁力，強い力，弱い力）がある．そのうち，広大な宇宙（重力）や極微の世界（強い力，弱い力）を除いた私たちの日常の世界においては，電磁力が物質や環境を構成する主要な力となっている．静電気，磁石や電化製品はもとより，物質や生命体の成り立ち，電磁波のエネルギー，さらには夢多き未来科学技術を理解するためにも，電磁気は不可欠である．本書が電磁気学の理解の基礎となるとともに，幅広い形で電磁気や物理に興味を抱いてもらう契機となれば幸いである．

　最後に，本書発刊の企画と編集にあたり，共立出版（株）の清水隆部長，および，編集担当の髙橋萌子氏，日比野元氏に多大なご尽力を頂いた．また，それを支える形での多くの方々のお陰により，本書が出来上がった．ここに厚く感謝の意を表したい．

2017 年 8 月吉日
山﨑耕造

目　　次

第 1 章　電荷と静電気力 1（電荷と静電誘導）‥‥‥‥‥‥‥‥‥‥‥‥‥‥‥‥1
　　1.1　電荷 ‥‥‥‥‥‥‥‥‥‥‥‥‥‥‥‥‥‥‥‥‥‥‥‥‥‥‥‥‥‥1
　　1.2　電荷保存の法則 ‥‥‥‥‥‥‥‥‥‥‥‥‥‥‥‥‥‥‥‥‥‥‥‥‥2
　　1.3　静電誘導 ‥‥‥‥‥‥‥‥‥‥‥‥‥‥‥‥‥‥‥‥‥‥‥‥‥‥‥3
　　演習問題 ‥‥‥‥‥‥‥‥‥‥‥‥‥‥‥‥‥‥‥‥‥‥‥‥‥‥‥‥‥‥5

第 2 章　電荷と静電気力 2（静電気力とクーロンの法則）‥‥‥‥‥‥‥‥‥‥7
　　2.1　クーロンの法則 ‥‥‥‥‥‥‥‥‥‥‥‥‥‥‥‥‥‥‥‥‥‥‥‥‥7
　　2.2　静電気力の重ね合わせの原理 ‥‥‥‥‥‥‥‥‥‥‥‥‥‥‥‥‥‥‥8
　　2.3　絶縁体と導体 ‥‥‥‥‥‥‥‥‥‥‥‥‥‥‥‥‥‥‥‥‥‥‥‥‥8
　　演習問題 ‥‥‥‥‥‥‥‥‥‥‥‥‥‥‥‥‥‥‥‥‥‥‥‥‥‥‥‥‥10

第 3 章　電場と電位 1（電場とガウスの法則）‥‥‥‥‥‥‥‥‥‥‥‥‥‥‥13
　　3.1　電場 ‥‥‥‥‥‥‥‥‥‥‥‥‥‥‥‥‥‥‥‥‥‥‥‥‥‥‥‥‥13
　　3.2　電気力線と電束密度 ‥‥‥‥‥‥‥‥‥‥‥‥‥‥‥‥‥‥‥‥‥‥14
　　3.3　ガウスの法則 ‥‥‥‥‥‥‥‥‥‥‥‥‥‥‥‥‥‥‥‥‥‥‥‥‥15
　　演習問題 ‥‥‥‥‥‥‥‥‥‥‥‥‥‥‥‥‥‥‥‥‥‥‥‥‥‥‥‥‥17

第 4 章　電場と電位 2（電位と導体）‥‥‥‥‥‥‥‥‥‥‥‥‥‥‥‥‥‥‥19
　　4.1　電位 ‥‥‥‥‥‥‥‥‥‥‥‥‥‥‥‥‥‥‥‥‥‥‥‥‥‥‥‥‥19
　　4.2　球電荷でのポテンシャルエネルギーと電位 ‥‥‥‥‥‥‥‥‥‥‥‥‥21
　　4.3　導体と静電遮蔽 ‥‥‥‥‥‥‥‥‥‥‥‥‥‥‥‥‥‥‥‥‥‥‥‥23
　　演習問題 ‥‥‥‥‥‥‥‥‥‥‥‥‥‥‥‥‥‥‥‥‥‥‥‥‥‥‥‥‥24

第 5 章　電気容量と誘電体 1（キャパシタンス）‥‥‥‥‥‥‥‥‥‥‥‥‥‥26
　　5.1　静電容量（キャパシタンス）‥‥‥‥‥‥‥‥‥‥‥‥‥‥‥‥‥‥‥26
　　5.2　平行平板の静電容量 ‥‥‥‥‥‥‥‥‥‥‥‥‥‥‥‥‥‥‥‥‥‥27
　　5.3　さまざまなキャパシターの静電容量 ‥‥‥‥‥‥‥‥‥‥‥‥‥‥‥27
　　演習問題 ‥‥‥‥‥‥‥‥‥‥‥‥‥‥‥‥‥‥‥‥‥‥‥‥‥‥‥‥‥30

第 6 章　電気容量と誘電体 2（静電エネルギーと誘電体）‥‥‥‥‥‥‥‥‥‥32
　　6.1　キャパシターの接続 ‥‥‥‥‥‥‥‥‥‥‥‥‥‥‥‥‥‥‥‥‥‥32
　　6.2　キャパシターのエネルギーと加わる力 ‥‥‥‥‥‥‥‥‥‥‥‥‥‥33
　　6.3　誘電体キャパシター ‥‥‥‥‥‥‥‥‥‥‥‥‥‥‥‥‥‥‥‥‥‥35
　　演習問題 ‥‥‥‥‥‥‥‥‥‥‥‥‥‥‥‥‥‥‥‥‥‥‥‥‥‥‥‥‥37

vi 目 次

第7章　電流と回路1（電流とオームの法則） ················39
　7.1　電流と抵抗 ················39
　7.2　オームの法則 ················41
　7.3　抵抗の合成 ················42
　演習問題 ················43

第8章　電流と回路2（電力と回路） ················45
　8.1　電力とジュール熱 ················45
　8.2　電源と内部抵抗 ················46
　8.3　キルヒホッフの法則 ················46
　演習問題 ················48

第9章　磁場と電流1（磁石と電流の作る磁場） ················50
　9.1　磁石と磁力線，磁束密度 ················50
　9.2　磁化と磁性体 ················51
　9.3　電流の作る磁場 ················52
　演習問題 ················55

第10章　磁場と電流2（アンペールの法則とローレンツ力） ················59
　10.1　アンペールの法則 ················59
　10.2　電流に働く磁気力 ················59
　10.3　ローレンツ力 ················60
　演習問題 ················62

第11章　電磁誘導1（電磁誘導の法則） ················64
　11.1　レンツの法則 ················64
　11.2　ファラデーの電磁誘導の法則 ················64
　11.3　移動導線での誘導起電力 ················66
　演習問題 ················67

第12章　電磁誘導2（インダクタンスと磁気エネルギー） ················70
　12.1　自己誘導と相互誘導 ················70
　12.2　ソレノイドのインダクタンス ················71
　12.3　磁気エネルギー ················72
　演習問題 ················74

第13章　交流と回路 ……………………………………………………76

13.1　交流 ………………………………………………………………76

13.2　L 回路，C 回路とリアクタンス ………………………………77

13.3　LCR 回路と力率 …………………………………………………79

演習問題 ……………………………………………………………………82

第14章　マックスウェルの方程式と電磁波 …………………84

14.1　電磁気の発展と変位電流 ………………………………………84

14.2　マックスウェルの方程式 ………………………………………85

14.3　電磁波と波動方程式 ……………………………………………87

演習問題 ……………………………………………………………………90

付録 ……………………………………………………………………93

A．物理定数 ……………………………………………………………93

B．SI 単位系（国際単位系） …………………………………………94

C．電磁気関連の物理量と単位 ………………………………………94

D．単位系の接頭語 ……………………………………………………95

E．ギリシャ文字一覧 …………………………………………………95

F．ベクトル公式 ………………………………………………………96

G．三角関数 ……………………………………………………………96

H．指数関数，対数関数，複素数 ……………………………………97

I．微分，積分 …………………………………………………………97

J．ガウスの定理とストークスの定理 ………………………………99

演習問題の解答 ………………………………………………………100

索引 ……………………………………………………………………109

電磁気クイズ

| ①：電気ウナギの電圧は？（4択問題）……………………………4 |
| ②：4個の電荷の中心での静電気力は？（4択問題）……………10 |
| ③：電気力線の変形は？（6択問題）………………………………17 |
| ④：球導体の帯電の様子は？（4択問題）…………………………23 |
| ⑤：金属球の静電ポテンシャルは？（4択問題）…………………29 |
| ⑥：キャパシターのエネルギーは？（4択問題）…………………36 |
| ⑦：導線内の電子の移動速度は？（4択問題）……………………42 |
| ⑧：電池の合成電圧は？（4択問題）………………………………47 |
| ⑨：中空ボールの球磁石は？（3択問題）…………………………54 |
| ⑩：鉄球と磁石の衝突は？（3択問題）……………………………61 |
| ⑪：コイル内への磁石の落下は？（3択問題）……………………67 |
| ⑫：磁石の振り子は？（3択問題）…………………………………73 |
| ⑬：交流回路での暗い電球は？（4択問題）………………………82 |
| ⑭：電子レンジの波長は？（4択問題）……………………………90 |

 映画の中の電磁気

| ①：科学の可能性と電磁力（映画「スター・ウォーズ」）……………4 |
| ②：電気人間と生体電流（SFホラー映画「フランケンシュタイン」）…10 |
| ③：雷のエネルギー利用とタイムマシン
　　（SF映画「バック・トゥ・ザ・フューチャー」）………………17 |
| ④：ニューヨーク市大停電と電気人間
　　（SF映画「アメージング・スパイダーマン 2」）………………24 |
| ⑤：コンピュータと人間社会（SF映画「マトリックス」）…………30 |
| ⑥：人間と回路ソフトウェア（SF映画「トロン」）………………37 |
| ⑦：磁気嵐とタイムスリップ（映画「オーロラの彼方に」）………43 |
| ⑧：電気の科学と魔法（映画「オズ はじまりの戦い」）…………48 |
| ⑨：磁場エネルギー利用のガウス加速器
　　（映画「容疑者Xの献身」）……………………………………55 |
| ⑩：地磁気消滅・反転と生物影響（映画「ザ・コア」）……………61 |
| ⑪：静電加速のイオンエンジンと電磁加速（映画「はやぶさ」）……67 |
| ⑫：ロボットのワイアレス給電（映画「ゴジラ×メカゴジラ」）……73 |
| ⑬：交流電気のマジックとニコラ・テスラ
　　（映画「プレステージ」）………………………………………82 |
| ⑭：電磁砲とステルス戦闘機
　　（映画「イレイザー」，「ステルス」）………………………90 |

科学史コラム

① : 古代での電気と磁気の発見（紀元前 600 年ごろ）……………………5
② : クーロンの法則（1785 年）と距離の逆 2 乗則の検証 …………11
③ : フランクリンの凧実験（1752 年）と落雷のエネルギー …………18
④ : ガルバーニの動物電気（1791 年）とボルタの電池（1800 年）……25
⑤ : エジソンとテスラの確執（1880 年代後半）……………………31
⑥ : ファラデーの物理・化学実験（1831 年, 1833 年）……………38
⑦ : トムソンの電子の発見（1897 年）……………………………44
⑧ : 圧電効果の発見（1880 年）と ER, MR 流体……………………49
⑨ : ギルバートの地磁気実験（1600 年）……………………………56
⑩ : 地球ダイナモ理論（1949 年）と極性反転 ………………………63
⑪ : 人名由来の電磁気関連単位……………………………………68
⑫ : 誘導加熱調理器と非接触給電…………………………………75
⑬ : オンネスと超伝導（1911 年）…………………………………83
⑭ : ヘルツの電磁波（1887 年）と国産ステルス戦闘機 X2
（2016 年）……………………………………………………91

第1章　電荷と静電気力1
（電荷と静電誘導）

キーポイント
1.1　静電気，電荷量，単位：C（クーロン），電荷素量（素電荷）$e = 1.602 \times 10^{-19}$ C
1.2　電荷保存の法則　$\dfrac{\partial}{\partial t}\rho_e + \boldsymbol{\nabla} \cdot \boldsymbol{j} = 0$
1.3　静電誘導，箔検電器，雷と稲妻，静電気の工業利用

1.1　電荷

(1) 静電気

　冬の乾燥時にドアノブを触ると「バチッ」と痛みを感じることがある．また，セーターを脱いだときに「パチパチ」と音がすることがある．これは**静電気**（static electricity）によるものである．金属製のドアノブの場合には，プラスに帯電している指を近づけるとマイナスの電荷が指の近くに集まり放電が起こる（図1.1）．プラスチックなどの絶縁物のドアノブの場合にはこの感電は起こらない．

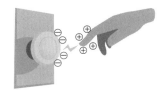

図1.1　静電気の影響．

　セルロイド製の下敷きで髪の毛を浮かび上がらせることができる．セルロイド製の平板の下敷きにたまった静電気が髪の毛を帯電させ，この下敷きにより，まわりに電場のポテンシャルが作られ，帯電した髪の毛を浮かび上がらせるのである．

　一般に，2つの物体をこすり合わせると，表面の電子が移動し，それぞれの物体は電気を帯びる（図1.2）．これを**摩擦電気**（frictional electricity）といい，電気を帯びることを**帯電**（electrification）という．ガラスやプラスチックなどの絶縁体の表面をきれいにし乾燥させると帯電しやすくなる．金属のように電気を通す物体でも，まわりと絶縁することによって帯電させることができる．ガラス棒を絹のハンカチでこすると，ガラスはプラスに，絹がマイナスに帯電して静電気がたまる．また，塩化ビニル棒を毛皮でこすると塩化ビニル棒にはマイナ

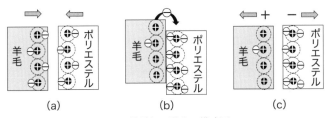

図1.2　静電気の発生の模式図．
(a) 物体を近づける，(b) 接触・摩擦により電子が移動する，
(c) 離してもプラス，マイナスの電荷が残る．

スの電荷がたまる．電子が離れやすい方がプラスに，電子が離れにくい方がマイナスに帯電する．電子の離れやすさの順位を示す**摩擦帯電列表**（triboelectric table）がある．ただし，材質の表面の状態や環境に依存するので絶対的なものではない．

(2) 電荷と電荷素量

静電気を発生している源を**電荷**（electric charge）と呼び，その電気の量を**電気量，電荷量**（quantity of electric charge），あるいは，単に**電荷**と呼ぶ．電荷には正電荷と負電荷が存在する．電荷の単位は，フランスの科学者の名前にちなんで**クーロン**（coulomb，記号はC）が使われる．

物質は分子または原子で構成されており，原子は正電荷をもつ**原子核**（atomic nucleus）とマイナスの電荷 $-e$ をもつ**電子**（electron）で構成されており，原子核は正電荷 e をもった**陽子**（proton）と電荷をもたない**中性子**（neutron）で構成されている（図1.3）．1個の陽子と1個の電子とでは正負は逆であるが電荷の大きさは同じであり，その電気量を**電荷素量**，あるいは，**素電荷**（elementary electric charge）という．

$$e = 1.602 \times 10^{-19} \text{ C}$$

物質の電荷量は必ずこの素電荷の整数倍である．

原子核の中の核子（陽子，中性子）は**アップクォーク**（up quark）（電荷は $+2/3$）と**ダウンクォーク**（down quark）（電荷は $-1/3$）で構成されており，陽子は2個のアップクォークと1個のダウンクォークで，また，中性子は1個のアップクォークと2個のダウンクォークで構成されている（図1.4）．ただし，クォークは単独で核子から取り出すことはできない．クォークの電荷から，陽子の電荷が $+1$ で中性子の電荷がゼロであることがわかる．

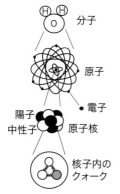

図1.3 水の分子，原子，原子核，電子とクォークの構造．

電荷の単位
C＝A・s

素電荷
$e = 1.602 \times 10^{-19}$ C

陽子　　中性子
u：アップクォーク
　　電荷 $+2/3$
d：ダウンクォーク
　　電荷 $-1/3$
電荷
陽子：$u(+2/3) \times 2 + d(-1/3) = +1$
中性子：$u(+2/3) + d(-1/3) \times 2 = 0$

図1.4 核子（陽子，中性子）の構造と電荷．

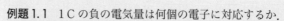
例題1.1 1Cの負の電気量は何個の電子に対応するか．
（答：電子1個の電荷の絶対値は 1.602×10^{-19} C なので，1C では 6.24×10^{18} 個）

1.2 電荷保存の法則

物質はマイナス電荷の電子とプラス電荷の原子核（陽子，中性子）から成り立っていて生成・消滅しない．したがって，正負を含めて**電荷（電気量）保存の法則**（charge conservation law）が成り立つ．例えば，正電荷5Cを帯びた物体に負電荷 -5 C の物体を接触させると，電荷はゼロになる．正電荷5Cに負電荷 -3 C の物体を接触させた場

合には全体が 2 C の正電荷となる．この電荷保存の法則はエネルギー保存の法則などとともに自然界の基本的な物理法則のひとつと考えられている．

例えば物理量としての密度 n の連続の式は，生成または消滅の項 S_n と物理量の速度 $\boldsymbol{V}$ を使って定義される流速ベクトル $\boldsymbol{\Gamma}=n\boldsymbol{V}$ とを用いて

$$\frac{\partial}{\partial t}n+\boldsymbol{\nabla}\cdot\boldsymbol{\Gamma}=S_\mathrm{n} \tag{1.1}$$

の偏微分方程式で書ける．演算子 $\boldsymbol{\nabla}\cdot$ はダイバージェンス（発散）と呼ばれる（付録 I 参照）．電荷保存則では，生成・消滅の項はゼロとして，電荷密度 $\rho_\mathrm{e}=ne$，電荷密度流としての電流密度ベクトル $\boldsymbol{j}=ne\boldsymbol{V}$ を用いて

$$\frac{\partial}{\partial t}\rho_\mathrm{e}+\boldsymbol{\nabla}\cdot\boldsymbol{j}=0 \tag{1.2}$$

である．これは 14 章で述べるマックスウェルの式（一般化されたアンペールの法則）にも反映されている．

> **例題 1.2** 同じ材質で同じ質量の物体 A と B がある．A を $+7\,\mu\mathrm{C}$，B を $-3\,\mu\mathrm{C}$ に別々に帯電させ，接触させて十分時間をかけてから離した．A と B の電荷はそれぞれいくらか．ここで，$1\,\mu\mathrm{C}=10^{-6}\,\mathrm{C}$ である．（答：電荷保存の法則から合計 $+4\,\mu\mathrm{C}$ であり，AB ともに $+2\,\mu\mathrm{C}$）

1.3 静電誘導

帯電していない導体（金属球）と帯電した帯電体がある（図 1.5(a)）．導体と帯電体とを近づけると，導体の帯電体側部分には帯電体と逆の電荷が引き付けられ，導体の逆側部分には帯電体と同じ電荷が生じる（図 1.5(b)）．この現象を**静電誘導**（electrostatic induction）という．帯電体を近づけた状態で金属球を接地すると，金属球の帯電体に対する逆側部分の電荷がなくなる（図 1.5(c)）．

物体が帯電しているか否かを調べるのに**箔検電器**（foil electroscope）が用いられる．マイナスに帯電した棒を箔検電器の金属板に近づけると，プラスの電荷が金属板表面に誘起され，金属箔にはマイナスの電荷がたまり，箔が開く（図 1.6）．このように，プラス・マイナスのいずれかの帯電体を導体の片側（上記の場合は検電器の金属板）に近づけると，帯電体側の導体部分では帯電体の電荷と逆の電荷が引き付けられ，導体の逆側に帯電体と同じ電荷が生じる．この現象は静電誘導である．この場合，電荷保存の法則により，導体の両端の正と負の電荷の絶対値は等しい．

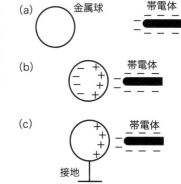

図 1.5 金属球での静電誘導の原理．(a) 帯電体が遠くにある場合，(b) 帯電体が近くにある場合，(c) 球を接地した場合．

図 1.6 箔検電器での静電誘導．

4　第1章　電荷と静電気力1

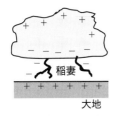

図1.7　静電誘導による雷の放電.

　大自然での静電誘導の例として，雷がある（図1.7）．雷雲の中では，冷やされた多くの氷の粒が上昇気流により上がり，重力による重さで落下を繰り返す．この上昇と下降を繰り返す際に，氷の粒は互いに激しく衝突し合い，摩擦により電荷を帯び，静電気が発生する．これが雷雲である．雷雲の上部にはプラスの大きな粒が集まり，下部にはマイナスの小さな粒が集まる．したがって，雷雲の下面のマイナス電荷による静電誘導により，地上面にはプラスの電荷が集まり，雷雲から地上に電子が飛ぶ（放電する）ことで稲妻（雷放電の光）が発生する．雲と雲との間の雷もこの静電気の放電現象である．

> **例題1.3**　工場や家庭での静電気の応用例とその原理をいくつか述べよ．
> （答：(a) 電気集塵機：コロナ放電（局部破壊放電）により汚染ガスを電離させて静電気で集塵する，(b) 空気清浄機：電気集塵機と同じ原理を用いた家庭用の集塵機，(c) 静電塗装：塗料を負に帯電させて正に帯電させた車体などに塗布する，(d) 電子複写機：帯電させた感光性半導体のドラムでは文字や絵の受光しない部分に静電気が残るので，そこにトナーを付着させ紙に転写して加熱・固定化させる，など）

 電磁気クイズ1：電気ウナギの電圧は？（4択問題）

> 電気ウナギは，おおよそどれくらいの電圧（V：ボルト）を出すことができるか？
> ① 5 V
> ② 50 V
> ③ 500 V
> ④ 5 kV

電気ウナギ

 映画の中の電磁気1：科学の可能性と電磁力
　　　　　　　　　　　　　　　（映画「スター・ウォーズ」）

> 　SF映画「スター・ウォーズ」（米国，公開1977年～）は，遥か彼方の銀河系を舞台にいくつかのシリーズとして物語が展開されてきている．映画の中では未来科学として電磁気が幅広く利用されている．ジェダイの騎士のライトセーバー，宇宙船の電磁砲やプラズマ窓，宇宙基地の電磁バリアーなど，未来の夢に満ち溢れている．
> 　宇宙には4つの力が存在する．宇宙における大きなスケールでの「重力」，極微の世界である原子核内の「強い力」，原子核の放射性崩壊の「弱い力」，そして，われわれの生活にもっとも幅広く関連する原子・分子レ

図　スター・ウォーズのライトセーバーは，レーザー光ではなくてプラズマでできている⁉

ベルの結合力としての「電磁力」である．電磁気の進展が科学技術の発展の可能性を支え，多くの子供たちに夢と希望を与え続けているのである．

第1章　演習問題

1-1　π中間子の中にはアップクォーク（電荷は $2/3\,e$）と反ダウンクォーク（電荷は $-1/3\,e$）から構成されている素粒子がある．この正荷電π中間子（π^+）の電荷はどれだけか．

1-2　帯電していない箔検電器と負に帯電した棒がある．
(a) 箔検電器の金属板に負の帯電棒を近づけた場合に，箔はどうなるか．
(b) この帯電棒を近づけたままで金属板に手を触れて接地した場合に，箔はどうなるか．
(c) 次に，手を離し，その後に帯電棒を遠ざけると箔はどうなるか．
(d) さらに，もう一度同じ負の帯電棒を近づけるとどうなるか．
(e) 負の帯電棒のかわりに正の帯電棒を近づけた場合はどうなるか．

1-3　正に帯電した絶縁物と帯電してない導体が2個ある．静電誘導の原理を用いて，片方の導体に負電荷を帯電させる方法を考えよ．

1-4　電荷の正負の呼び方は歴史的に定められてきた．電子を正電荷（$+e$），陽子を負電荷（$-e$）と定義したと仮定すると，電磁現象に違いが生じるか．

科学史コラム1：古代での電気と磁気の発見
　　　　　　　（紀元前600年ごろ）

　紀元前600年ごろ，古代ギリシャの自然哲学者タレス（紀元前624-紀元前546年）は琥珀を動物の皮でこすると，物を引きつけることを知っていたとされる．琥珀は木の樹脂が地中で長い年月を経て固化したアメ色の宝石であり，当時エレクトロンと呼ばれており，電気（electricity）の語源となった．また，古代ギリシャのマグネシア地方から天然の磁鉄が発見されており，地方の名称がマグネット（magnet）の語源となった．それ以降，人類が電気や磁気の性質を解明し，それらを有効に利用するには長い年月が必要となった．電気についてはフランクリンの雷実験（1752年，科学史コラム3）が，磁気についてはギルバートの地磁気実験（1600年，科学史コラム9）が近代の電磁気学の幕開けとなった．

電磁気クイズ1の答　③ 500 V

(解説) 細胞の内側には K$^+$（カリウムイオン）が，外側には Na$^+$（ナトリウムイオン）が多数存在する．興奮状態になると，細胞膜の性質が変化し，Na$^+$ が細胞内に入りやすくなり，細胞の内側の電圧が高くなる．電気ウナギではこの細胞が1枚 0.15 V 程度の「電気板」として数千枚直列に重なって 500 V ほどの電圧が 1 ms ほど発生される（電気ウナギの場合，頭側がプラスで尾側がマイナスである）．

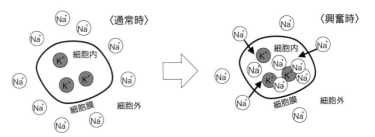

第2章 電荷と静電気力 2
(静電気力とクーロンの法則)

キーポイント
2.1 クーロンの法則,静電気力 $F=k_0\dfrac{q_1 q_2}{r^2}$,半径の逆2乗則
2.2 力の重ね合わせの原理 $\boldsymbol{F}_1=\boldsymbol{F}_{1\leftarrow 2}+\boldsymbol{F}_{1\leftarrow 3}$
2.3 導体・半導体・絶縁体,電気抵抗率 ρ,電気伝導率 σ,抵抗値 $R=\dfrac{\rho L}{S}=\dfrac{L}{\sigma S}$

2.1 クーロンの法則

大きさをもたない点状の電荷を**点電荷**(point charge)と呼ぶ.2つの点電荷の電気量 q_1 [C], q_2 [C] を距離 r [m] だけ離れて置いた場合,両者にかかる**静電気力**(electrostatic force,**静電力**,**クーロン力**ともいう)F [N] は,電荷の積 $q_1 q_2$ に比例し距離の2乗 r^2 に反比例する.この距離の逆2乗則は 1773 年にイギリスのキャベンディシュ(Henry Cavendish, 1731-1810 年)により未発表であるが最初に発見され,1785 年にはフランスのクーロン(Charles-Augustin de Coulomb, 1736-1806 年)が発明したねじり秤の実験により確立された(科学史コラム2参照).これは**クーロンの法則**(Coulomb's law)と呼ばれ,

$$F=k_0\dfrac{q_1 q_2}{r^2} \tag{2.1}$$

である.ここで k_0 は比例定数であり,真空の誘電定数 ε_0 を用いて,

$$k_0=\dfrac{1}{4\pi\varepsilon_0}=9.0\times 10^9\,\mathrm{N\cdot m^2/C^2}$$

で与えられる.係数の精度のある5桁の数値は 8.9876×10^9 である.ここで,真空の誘電率 ε_0 は,真空中の光の速度 $c=2.99792458\times 10^8\,\mathrm{m/s}$(長さ1mの定義に利用)および真空の透磁率 $\mu_0=4\pi\times 10^{-7}\,\mathrm{N/A^2}$(電流1Aの定義に利用)を用いて定義される.

$$\varepsilon_0=\dfrac{1}{c^2\mu_0}=8.8542\times 10^{-12}\,\mathrm{C^2/(Nm^2)}\ \text{または}\ \mathrm{F/m}$$

より正確な数値は 8.854187817... となる.電荷が同符号の場合には静電気力は斥力で F の値は正であり,異符号の場合は引力で F の値は負である(図 2.1).

> **例題 2.1** 真空中に 4 µC(マイクロクーロン)と 5 µC の点電荷が 10 cm 離れて置かれている.両方の電荷に働く斥力はいくらか.ここで,1 µC = 10^{-6} C である.

クーロンの法則の比例係数
$k_0=1/(4\pi\varepsilon_0)$
　　$=9.0\times 10^9\,\mathrm{N\cdot m^2/C^2}$

真空の誘電率
$\varepsilon_0=8.8542\times 10^{-12}\,\mathrm{C^2/(Nm^2)}$
または F/m

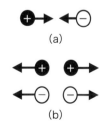

図 2.1 静電気力の向き.
(a) 異符号の電荷は引き合い,(b) 同符号の電荷は反発し合う.

(答：$F=9.0\times10^9\times(4\times10^{-6}\times5\times10^{-6})/0.1^2=18\,\text{N}$)

2.2 静電気力の重ね合わせの原理

3つの電荷 q_1, q_2, q_3 を考え，電荷 q_2, q_3 から電荷 q_1 に加わる力を考えてみる（図2.2）．まず，電荷 q_2 により電荷 q_1 に加わる静電気力 $\boldsymbol{F}_{1\leftarrow2}$ はクーロンの法則で表される．同様に電荷 q_3（図では負電荷）による電荷 q_1 に加わる静電気力 $\boldsymbol{F}_{1\leftarrow3}$ も計算でき，2つの静電気力のベクトル和として q_1 に加わる力 $\boldsymbol{F}_1$ は

$$\boldsymbol{F}_1 = \boldsymbol{F}_{1\leftarrow2} + \boldsymbol{F}_{1\leftarrow3} \tag{2.2}$$

図2.2 静電気力の重ね合わせ．
$\boldsymbol{F}_1 = \boldsymbol{F}_{1\leftarrow2} + \boldsymbol{F}_{1\leftarrow3}$

となる．これは静電気力の**重ね合わせの原理**（principle of superposition）と呼ばれる．これを3次元の成分で表示すると

$$\left.\begin{array}{l} x\text{成分}: F_{1x}=F_{1\leftarrow2x}+F_{1\leftarrow3x} \\ y\text{成分}: F_{1y}=F_{1\leftarrow2y}+F_{1\leftarrow3y} \\ z\text{成分}: F_{1z}=F_{1\leftarrow2z}+F_{1\leftarrow3z} \end{array}\right\} \tag{2.3}$$

となる．多くの電荷がある場合も，この重ね合わせの原理が成り立つ．

例題2.2の図

> **例題 2.2** 1辺が1mの正方形の4つの頂点に各々 1μC の正電荷を置いた（図参照）．3つの電荷からほかの1つの電荷に加わる力の大きさを求めよ．
> （答：クーロンの法則の比例定数 k_0 を用いて，隣の電荷からの力の大きさは $10^{-12}k_0$ であり，両隣からは斥力ベクトルの重ね合わせで $\sqrt{2}\times10^{-12}k_0$．一方，長さ $\sqrt{2}$ m の対角線上の電荷からの静電斥力は $(1/2)\times10^{-12}k_0$，合計 $(\sqrt{2}+1/2)\times10^{-12}k_0=1.7\times10^{-2}\,\text{N}$）

2.3 絶縁体と導体

電気または熱を通しづらい物質を**絶縁体**（insulator）という．一方，電気（電気伝導）や熱（熱伝導）を通す物体を**導体**（conductor）といい，電気伝導体，熱伝導体という．

電気を通しやすいということは，マイナスの電荷をもつ，自由に動く電子（自由電子，伝導電子）が多く存在することである．原子1個の内部では，電子（価電子）は原子核のまわりに特定のいくつかの軌道（エネルギー準位，図2.3 (a)）を回っている．外側の軌道の電子ほどエネルギーが高く拘束力が弱くなり，自由電子となりやすい．多くの原子が集まった場合には，エネルギーレベルは線ではなく帯（バンド）のようになりエネルギー帯を構成する（図2.3 (b)）．自由電子を含むバンドは伝導帯，価電子を充満しているバンドは価電子帯と呼ばれ，伝導帯と価電子帯との間は禁制帯（バンドギャップ）と呼ばれる．

価電子が自由電子となるには，禁制帯を飛び越さなければならない．この禁制帯幅（バンドギャップ）が大きい物体が絶縁物である．

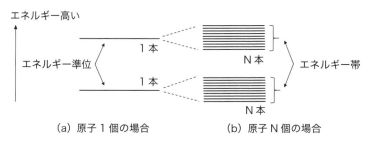

(a) 原子1個の場合　　(b) 原子N個の場合

図 2.3　電子の軌道の (a) エネルギー準位と (b) エネルギー帯．

電気伝導率（electrical conductivity, **導電率**, 電気伝導度ともいう）は電気の通りやすさを示す率であり，1 mm² の断面積で 1 m の導体の抵抗が 1 Ω になるときは $10^6 \, \Omega^{-1} \mathrm{m}^{-1}$ である．抵抗 Ω の逆数には ℧（モー）の記号，あるいは S（ジーメンス）の記号が用いられるので，10^6 ℧/m または，10^6 S/m とも書ける．電気の通りにくさ（**電気抵抗率**）は電気伝導率の逆数で定義され，$10^{-6} \, \Omega \cdot \mathrm{m}$ であり，電気の通りやすさ（電気伝導率）は 10^6 ℧/m である．電気抵抗率 ρ [Ω·m] は電気伝導率 σ [℧/m] の逆数で定義され，長さ L [m] で断面積 S [m²] の導体の抵抗値 R [Ω] は以下の式で示される．

$$R = \frac{\rho L}{S} = \frac{L}{\sigma S} \tag{2.4}$$

電気抵抗率 ρ [Ω·m]
　単位：Ω·m
電気伝導率 σ
　単位：℧/m または S/m

電気抵抗率 ρ がグラファイト（$\rho = 1 \, \mu\Omega \cdot \mathrm{m} = 10^{-6} \, \Omega \cdot \mathrm{m}$）と同程度かそれ以下のものが導体，$10^6 \, \Omega \cdot \mathrm{m}$ 以上のものが絶縁体（不導体）と定義される．その中間の値をとるものが**半導体**（semiconductor）である（図 2.4）．

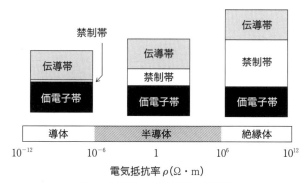

図 2.4　伝導帯，価電子帯と禁制帯．
左図：導体，中央：半導体，右図：絶縁体．

例題 2.3　1 mm² （= 10^{-6} m²）の断面積で 1 m の長さの抵抗は，導体（電気抵抗率が $10^{-6} \, \Omega \cdot \mathrm{m}$ 以下）の場合はいくらか，また，絶縁体（電

気抵抗率が $10^6\,\Omega\cdot m$ 以上）の場合の抵抗はいくらか．
（答：$1\,\Omega$ 以下，$10^{12}\,\Omega$ 以上）

 電磁気クイズ2：4個の電荷の中心での静電気力は？
（4択問題）

プラスまたはマイナスの4個の電荷に囲まれた中心点（・）に，新たに正電荷を置いた．この正電荷に加わる力の強さが一番大きい配置はA〜Dのどれか？

 映画の中の電磁気2：電気人間と生体電流
（SFホラー映画「フランケンシュタイン」）

　SF映画ではしばしば「電気人間」が登場する．1941年の古典的なSFホラー映画「電気人間」（原題 Man Made Monster，米国，ジョージ・ワグナー監督）では，事故での感電死を免れた男をマッドサイエンティストが電気人間に改造する話である．電気の利用では，つなぎ合わせた死体に雷の電流を流して蘇生させる「フランケンシュタイン」が有名である．これは，1818年のメアリー・シェリー原作の小説であり，米国映画（監督はジェームズ・ホエール）の公開は1931年である．この小説はガルバーニのカエルの脚の実験（1771年，科学史コラム4参照）からヒントを得たものといわれている．
　現代では，脳や筋肉の活動により電気が発生し，細胞レベルで電気の発生が起きていることがわかっている．人間には200 μAほどの微弱な「生体電流」が流れている．心臓から電気を発していることは1903年アイントーフェン（Willem Einthoven，1860-1920年，オランダ）が発見し，1924年にノーベル生理学・医学賞を受賞している．

（参考）感知電流と心室細動電流
　人間が感じとれる電流（感知電流）は60 Hzでは平均的に1 mAであり，電流が流れて心臓部が痙攣する危険な電流（心室細動電流）とその時間は，60 Hzではおよそ100 mAで数秒間である．

図　電気による死体蘇生のフランケンシュタイン実験．

第2章　演習問題

2-1　1 cm，2 cm，$\sqrt{5}$ cmの辺をもつ直角三角形がある．3つの頂点に

各々 1 μC の正の電荷を置いた．直角の頂点に置かれた電荷に加わる静電気力の大きさはどれだけか．

2-2 大きさも材質も同じ小球 A と B がある．小球 A は正電荷 8 μC に，小球 B は負電荷 −2 μC に帯電させ，10 cm 離して置いた．これを近づけて接触させて元通りの 10 cm の位置に戻した．
(1) 接触前と接触後の AB 間に働く力は，各々，引力か斥力か？
(2) 最終的な A, B の電荷はそれぞれいくらか．
(3) 力の大きさは接触前と接触後とでどちらが大きいか．

2-3 上記の問題で，小球 A は正電荷 8 μC に，小球 B も正電荷で 2 μC の場合に，同様に (1) 〜 (3) について答えよ．

2-4 x-y 座標上で 金属球 A, B, C をそれぞれ $(0,0)$, $(a,0)$, $(0,a)$ に置いた．A と B は正電荷 q に，C は負電荷 $-q$ に帯電しているとする．真空の誘電率を ε_0 をとして，以下に答えよ．
(1) B により A に及ぼされる力のベクトル $\boldsymbol{F}_{\text{A−B}}$，および，その大きさ，向きを求めよ．
(2) 上記 (1) の力の大きさを f として，C により A に及ぼされる力のベクトル $\boldsymbol{F}_{\text{A−C}}$，および，その大きさ，向きを求めよ．
(3) A に働く力のベクトル $\boldsymbol{F}_\text{A}$ とその大きさを求めよ．
(4) B に働く力のベクトル $\boldsymbol{F}_\text{B}$ とその大きさを求めよ．
(5) C に働く力のベクトル $\boldsymbol{F}_\text{C}$ とその大きさを求めよ．
(6) 上記 (3) 〜 (5) の 3 つの力の合力を求めよ．

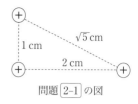

問題 2-1 の図

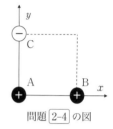

問題 2-4 の図

科学史コラム 2：クーロンの法則（1785 年）と距離の逆 2 乗則の検証

電磁力は万有引力と同様に距離の逆 2 乗則（$\propto r^{-2}$）に従っている．シャルル・ド・クーロン（Charles de Coulomb, 1736-1806 年，フランスの物理学者）は，図のようなねじり秤の装置を用いて 1785 年に 2 つの電荷の間で作用し合う力を直接的に測定し，クーロンの法則として，力に関する距離の逆 2 乗則を導き出した．実はこれより十数年前の 1976 年でのロビソン（John Robison, 1739-1805 年，英国の物理・数学者）は静電気力を $\propto r^{-2.06}$ とし，1773 年にはキャベンディッシュ（1731-1810 年，英国の物理者）は帯電させた同心状の 2 つの金属球殻を用いて間接的ではあるがクーロンの実験よりも高い精度で実験的検証を行っていた．キャベンディッシュはクーロンのような直接的な方法ではなく，同心状の 2 つの金属球殻の外球を帯電させ，その両球を導線でつないだときに，電荷が外球から内球に移らないことから，逆 2 乗の法則を結論した．重力や電磁力を $\propto 1/r^{2+\delta}$ とすると，キャベンディッシュの実験では $|\delta| \sim 0.02$ であるが，クーロンの実験では $|\delta| \sim 0.04$ であった．後にキャベンディッシュの方法によりマックスウェルは $|\delta| \sim 10^{-5}$ まで精度を上げて

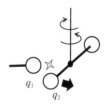

図 ねじり秤．

いる.

距離の逆2乗則の検証実験は年々精度が上がってきており，現在までの実験では，重力での逆2乗則では $|\delta| \sim 10^{-9}$ が，電磁力では $|\delta| \sim 10^{-16}$ が得られている.

電磁気クイズ2の答　C
（解説）対角の正電荷の1対または対角の負電荷の1対の中心では静電気力がゼロである．対角の正負1対での電荷によるクーロン力を F_0 とすると，「重ね合わせの原理」により，Aでの電場は0，Bでは F_0，Cでは直交する2つの F_0 の合力から $\sqrt{2}F_0$，Dでは0となる.

第3章　電場と電位1
（電場とガウスの法則）

キーポイント

3.1 電場の強さ（電界強度）$E \equiv \dfrac{F}{q} = \dfrac{1}{4\pi\varepsilon_0}\dfrac{Q}{r^2}$

3.2 電気力線の数 $N \equiv \dfrac{Q}{\varepsilon_0} = ES$, 電場の強さ $E = \dfrac{N}{S} = \dfrac{1}{4\pi\varepsilon_0}\dfrac{Q}{r^2}$, 単位：N/C または V/m,

電束の数 $N_\Phi \equiv Q = DS$, 電束密度 $D \equiv \dfrac{N_\Phi}{S} = \dfrac{Q}{4\pi r^2}$, 単位：C/m²

3.3 ガウスの法則 $\displaystyle\int_S \boldsymbol{E}\cdot d\boldsymbol{S} = \dfrac{Q}{\varepsilon_0}$, $\displaystyle\int_S \boldsymbol{D}\cdot d\boldsymbol{S} = Q$

3.1 電場

力学において，質量 m のテスト粒子に重力が働く場合に，働く力は $\boldsymbol{F} = m\boldsymbol{g}$ と表された（図 3.1 (a)）．この場合には，重力が働く空間を重力場と呼び，$\boldsymbol{g}$ が重力場を示す重力加速度ベクトルである．同様に，電荷を置いたときに静電気力（クーロン力）が作用する空間を**電場**または**電界**（electric field）と呼ぶ．電荷 q [C] を置いたときに加わる電気力を $\boldsymbol{F}$ [N] とすると，**電場の強さ（電界強度）**（electric field strength）のベクトル $\boldsymbol{E}$ は

$$\boldsymbol{E} = \dfrac{\boldsymbol{F}}{q} \tag{3.1}$$

で定義される（図 3.1 (b)）．あるいは，$\boldsymbol{F} = m\boldsymbol{g}$ に対応して

$$\boldsymbol{F} = q\boldsymbol{E} \tag{3.2}$$

である．電場の強さの単位は N/C または V/m が用いられる．

$$1\,\text{N/C} = 1\,\text{V/m}$$

電場の強さ $\boldsymbol{E}$
単位 N/C または V/m

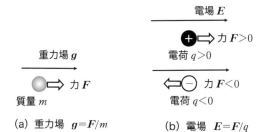

図 3.1　(a) 重力場における質量にかかる力と (b) 電場による電荷にかかる力．

例えば，点電荷 Q [C] の周囲には電場ができ，距離 r [m] だけ離れた場所に置かれた電荷 q [C] に加わるクーロン力は F [N] $= k_0 qQ/r^2$ であり，この点電荷 Q の作る電場の強さ E は

$$E=\frac{F}{q}=k_0\frac{Q}{r^2}=\frac{1}{4\pi\varepsilon_0}\frac{Q}{r^2} \tag{3.3}$$

で表される．

> **例題 3.1** ある場所に $q=1\times10^{-10}$ C の電荷を置くと $F=2\times10^{-8}$ N の力を受けた．この場所での電場の強さ E はいくらか．
> （答：$E=F/q=2\times10^2$ N/C または 2×10^2 V/m）

3.2 電気力線と電束密度

(1) 電気力線

空間の電場を示すのに，さまざまな場所での電場ベクトルを矢印で描けばよい．あるいは，電場の方向に沿った力線を結んで描けばよい．これを**電気力線**（electric field line）という．図 3.2 に 2 つの電荷の間の電気力線の例を示した．

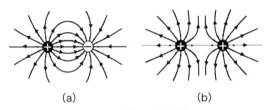

図 3.2 電荷と電気力線．
(a) 電荷量の絶対値が等しく符号が逆の点電荷．
(b) 電荷量の絶対値が等しく符号が同じ点電荷．

電気力線の本数は一意的に定まらないが，1 C の電荷から出ている電気力線の本数を $1/\varepsilon_0$ 本と定義する．したがって，Q [C] の電荷から放射している電気力線の数 N は

$$N=\frac{Q}{\varepsilon_0} \tag{3.4}$$

である．また，$1\,\mathrm{m}^2$ の平面に垂直に電気力線が 1 本通過している場合の電界の強さを 1 V/m と定義する．したがって，Q [C] の球電荷からは合計 Q/ε_0 本の電気力線が出ており（図 3.3），帯電球から半径 r [m] の距離の球面の場所では，面積 $S\,[\mathrm{m}^2]=4\pi r^2$ なので，電場の強さ E [V/m] は

$$E=\frac{N}{S} \tag{3.5}$$

より定義され

$$E=\frac{1}{4\pi\varepsilon_0}\frac{Q}{r^2} \tag{3.6}$$

である．

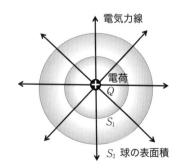

図 3.3 電気力線の数は半径に依存せず $N=Q/\varepsilon_0$．

(2) 電束密度

電気力線を束ねたものを**電束**（electric flux）と呼ぶ．1 C の電荷から放射される電束を真空中でも誘電体中でも1本とする．したがって Q [C] の電荷からは N_Φ 本の電束が放射されているとすると，

$$N_\Phi = Q \tag{3.7}$$

である．「単位面積あたりの電束の数」を**電束密度**（electric flux density）というが，電荷を中心とした半径 r [m] の球の表面積は S [m²] $= 4\pi r^2$ なので，電荷から距離 r 離れた場所における電束密度 D [C/m²] は，電束の数 N_Φ（電荷 Q）を表面積 S で割り，

$$D = \frac{N_\Phi}{S} \tag{3.8}$$

より定義され

$$D = \frac{Q}{4\pi r^2} \tag{3.9}$$

となる（図 3.4）．

電束密度 D
単位 C/m^2

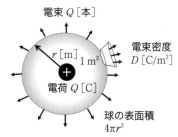

図 3.4 電荷 Q と電束密度 D．
Q [C] の電荷から Q 本の電束が出ており，半径 r [m] では電束密度 D は $Q/(4\pi r^2)$ [C/m^2] となる．

電束密度 D [C/m²] と真空中の電場の強さ E [V/m] との関係は

$$D = \varepsilon_0 E \tag{3.10}$$

である．ここで，$\varepsilon_0 = c^2/(4\pi \times 10^{-7}) = 8.8542 \times 10^{-12}$ C/(V·m) である．

> **例題 3.2** 1 C の正電荷からは何本の電気力線が放出されていると定義されているか．また，電束1本には電気力線が何本束ねられているか．
> （答：$N = 1/\varepsilon_0 = 1/(8.8542 \times 10^{-12}) = 1.13 \times 10^{11}$ 本．電束1本は1Cの電気力線の数であり，1.13×10^{11} 本）

3.3 ガウスの法則

電荷のない空間では電気力線は減ったり増えたりすることはない．

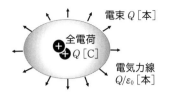

図 3.5 ガウスの法則.
任意の閉曲面を通過する電気力線の本数は，閉曲面内部にある電荷の総和の $1/\varepsilon_0$ になる．

したがって，以下の**ガウスの法則**（Gauss' law）が成り立つ（図 3.5）．

「任意の閉曲面を通過する電気力線の本数は，閉曲面内部にある電荷の総和の $1/\varepsilon_0$ になる」

電荷 Q[C] を囲む閉曲面全体 S を貫く電気力線の本数は Q/ε_0 である．閉曲面を N 個に分割し，i 番目の面の微小面積 ΔS_i[m²] での面に垂直な電場を $E_{\perp i}$[V/m] とすると，この微小面積を貫通する電気力線の本数は $E_{\perp i}\Delta S_i$ 本であるので，S を貫く電気力線の本数は

$$\sum_{i=1}^{N} E_{\perp i}\Delta S_i = \frac{Q}{\varepsilon_0} \tag{3.11}$$

である．これを積分記号で書くと

$$\int_S \boldsymbol{E}\cdot d\boldsymbol{S} = \frac{Q}{\varepsilon_0} \tag{3.12}$$

となる．電束密度 $\boldsymbol{D}\ (=\varepsilon_0 \boldsymbol{E})$ [C/m²] と電荷密度 ρ [C/m³] を用いると

$$\int_S \boldsymbol{D}\cdot d\boldsymbol{S} = \int_V \rho dV \equiv Q \tag{3.13}$$

と書ける．

> **例題 3.3a** 3C，−2C，9C の正電荷がある．この 3 個の電荷を囲む閉曲面からは合計何本の電束が放出されているか．また，電気力線は何本か．
> （答：合計の電荷は 10 C で電束は 10 本，電気力線は $10/\varepsilon_0 = 1.13\times 10^{12}$ 本）

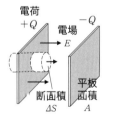

図 3.6 平行平板間の電場の強さ．$E = \dfrac{Q}{\varepsilon_0 A}$

ガウスの法則の応用例として，面積 A[m²] の平行平板に電荷 $\pm Q$[C] が帯電している平行平板の電場を導く．この場合，面電荷密度 σ[C/m²] は $\sigma = Q/A$ であり，図 3.6 のような断面積 ΔS の円柱閉曲面 S を考えると円柱内の総電荷は $\sigma\Delta S$ である．平板間内部の電場の強さ E[V/m] は一定であり，外部の電場はゼロであり，円柱側面の法線方向の電場成分もゼロで $\boldsymbol{E}\cdot d\boldsymbol{S}=0$ なので，式（3.11）の左辺は $E\Delta S$，右辺は $\sigma\Delta S/\varepsilon_0$ である．したがって，平行平板内の電界強度 E は，

$$E = \frac{\sigma}{\varepsilon_0} = \frac{Q}{\varepsilon_0 A} \tag{3.14}$$

であり，極板間電圧は $V = Ed = Qd/(\varepsilon_0 A)$ である．

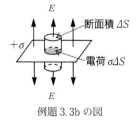

例題 3.3b の図

> **例題 3.3b** 面電荷密度 σ[C/m²] で一様に帯電している広くて薄い平板がある．この平板の近傍での電場 E[V/m] をガウスの法則から求めよ．
> （答：図のような断面積 ΔS の円柱を考える．対称性から上下の電場の強さは同じであり，円柱内部の電荷 $\sigma\Delta S$ と円柱からの電気力線の本数 $2E\Delta S$ から $2E\Delta S = \sigma\Delta S/\varepsilon_0$ となり $E = \sigma/(2\varepsilon_0)$ である）

電磁気クイズ3：電気力線の変形は？（6択問題）

帯電した平行平板の間に帯電していない中空の金属球殻を置いた．この場合の電気力線はどれが正しいか？
（球殻の外部と内部との電気力線の相違に留意すること）

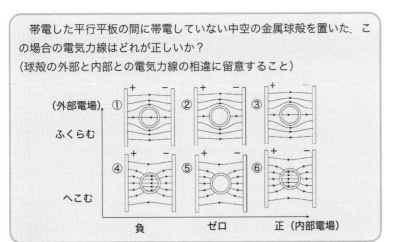

 映画の中の電磁気2：雷のエネルギー利用とタイムマシン
（SF映画「バック・トゥ・ザ・フューチャー」）

未来空想科学映画「バック・トゥ・ザ・フューチャー」では，現代につながるさまざまな科学が描かれている．タイムマシンにより映画の現在から未来（2015年10月21日）や過去（1955年11月12日）に旅する物語である．25年先であった未来はすでに過ぎ去ったが，その記念すべき日には社会現象としてのさまざまなイベントが開催され，科学技術の進展が検証された．タイムマシンとしての時速140 kmを超えるスーパーカー「デロリアン」の動力源は，パート1ではプルトリウム燃料，パート2ではMr. Fusionと記載された核融合エネルギーである．

雷のエネルギーを利用してデロリアンでタイムトリップするシーンも登場する．雷のエネルギーは膨大であるが，映画では「1.21 ジゴワット」なる説明も登場する（「ジゴ」ではなくて「ギガ」の意味らしい）．一般的な雷では，エネルギー（電力量）は1 GJ（$=10^9$ J）であり，パワー（電力率）は1 TW（$=10^{12}$ W）である（科学史コラム3参照）．

図　タイムマシン「デロリアン」での雷エネルギーの利用．

第3章　演習問題

3-1　x軸上の原点に+4 Cの電荷Aを置き，$x=5$の場所に+9 Cの電荷Bを置いた．x軸上のAB間で電場がゼロとなる点Pのx座標はどれだけか．

3-2　以下の場合の電気力線を描け．

(1) 平行平板の上板面に荷電面密度 σ，下板面に $-\sigma$．
(2) 平行平板の上板面に荷電面密度 σ，下板面に σ．
(3) 平行平板の上板面に荷電面密度 σ，下板面に 2σ．

3-3 図のような電気力線が分布している．
(1) 点 A, B, C での電場の強さを強い順に述べよ．
(2) 点 A での電場 E の方向を図に描け．
(3) 点 B に正電荷を置いたときに加わる力 F_+ の方向を図に描け．
(4) 点 C に負電荷を置いたときに加わる力 F_- の方向を図に描け．

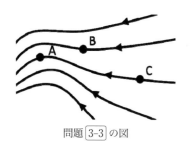

問題 3-3 の図

3-4 真空中に $+5$ C の正電荷 A，-2 C の負電荷 B，-3 C の負電荷 C が置かれている．
(1) A と B を覆う閉曲面 S_1 を貫通する電気力線の数は合計何本か．
(2) A, B, C を覆う閉曲面 S_2 を貫通する電気力線の数は合計何本か．

科学史コラム 3：フランクリンの凧実験（1752 年）と落雷のエネルギー

ベンジャミン・フランクリン（Benjamin Franklin, 1706-1790 年，アメリカの政治家，科学者）は 1752 年に凧の実験で雷の正体が電気現象であることを確かめた．その後，1800 年にアレッサンドロ・ボルタ（Alessandro Volta, 1745-1827 年，イタリア）が電池を発明し，1879 年にはトーマス・エジソン（Thomas A. Edison, 1847-1931 年，アメリカ）により白熱電球が発明された．

凧の実験では，雷から電流が流れて静電気をためるライデン瓶に電気がたまったとされているが，実際に雷電流が流れると，糸も大電流で焼け溶けて感電死に至る場合もある．事実，ロシアの科学者が同様な実験で感電死している．フランクリンの場合には静電誘導によりライデン瓶が充電されたものと考えられる．

（参考）雷の電圧と電流

古来，雷は「神鳴り」として神聖化されてきており，現象としては稲妻，稲光（雷光）と雷鳴，雲放電と対地放電（落雷）などで記述される．典型的な 1 回の雷は，数億 V（数百 MV），数十 kA で 1 ms 程度のパルスである．電圧と電流の積としてのパワーは数 TW（10^{12} W）であり，パワーとパルス幅の積としてのエネルギーは数 GJ（10^9 J）である．

電磁気クイズ 3 の答　⑤
（解説）「静電誘導」により球殻の自由電子が移動し，左にマイナスが，右にプラス電荷が帯電し，外部の電気力線がへこむ．球殻内部では元の電場と移動した電荷による電場とが打ち消されてゼロになる．この内部電場がゼロとなることは「静電遮蔽」に相当する．

第4章　電場と電位2
(電位と導体)

キーポイント
4.1　電位(静電ポテンシャル) $V=Ed$, 単位：V(ボルト)または J/C, ポテンシャルエネルギー $\Delta U=qV$, 一般形 $\boldsymbol{F}=q\boldsymbol{E}$, $\boldsymbol{E}\equiv-\boldsymbol{\nabla}V$, $\boldsymbol{F}\equiv-\boldsymbol{\nabla}U$
4.2　点電荷の電圧 $E=\dfrac{1}{4\pi\varepsilon_0}\dfrac{Q}{r^2}$, 電位 $V=\dfrac{1}{4\pi\varepsilon_0}\dfrac{Q}{r}$, 電子ボルト $1\,\mathrm{eV}=1.602\times10^{-19}\,\mathrm{J}$
4.3　静電遮蔽

4.1　電位

(1) 電位とポテンシャルエネルギー

　力学では，**仕事**(work)は力と距離の積により定義される．電場の中を電荷が移動するとき，静電気力がする力学的な仕事は移動経路によらず，最初と最後の位置だけで決まる．この場合の力を**保存力**(conservative force)と呼び，重力や弾性力と同じように**位置エネルギー**(ポテンシャルエネルギー，potential energy)を定義できる．

　力が mg [N] の一様重力(負の方向)の場合には，高さ h [m] の場所での重力位置エネルギーは mgh [J] である．同様に，$-E_0$ [N/C] の一様電場(負の方向)がある場合には，電荷 q [C] に対して $-qE_0$ [N] の力が働くので，基準点 ($x=0$) から x [m] だけさかのぼった位置に電荷があるとすると，電荷がもっている位置エネルギーの変化 $\Delta U(x)$ [J] は

$$\Delta U(x)=U(x)-U(0)=qE_0 x=qV(x) \tag{4.1}$$

である．ここで，V は**電位**(electric potential)，または，**静電ポテンシャル**(electrostatic potential)，あるいは，**クーロンポテンシャル**(Coulomb potential)と呼ばれる．単位はジュール毎クーロン(J/C)であり，これを**ボルト**(volt, 記号 V)と書く．

$$1\,\mathrm{V}=1\,\mathrm{J/C}$$

電位(電圧) V
単位 V または J/C

2点間の電位の差を電位差または**電圧**(voltage)という．

　一般的に，ベクトルとしての力 $\boldsymbol{F}$ が保存力の場合には

$$\boldsymbol{\nabla}\times\boldsymbol{F}=0$$

であり，その場合にはスカラーポテンシャル U を用いて

$$\boldsymbol{F}=-\boldsymbol{\nabla}U$$

$$\boldsymbol{F}=-\boldsymbol{\nabla}U=\left(-\dfrac{\partial U}{\partial x},-\dfrac{\partial U}{\partial y},-\dfrac{\partial U}{\partial z}\right) \tag{4.2}$$

と書ける．電荷 q にかかる力 $\boldsymbol{F}$ と電場 $\boldsymbol{E}$ との関係は $\boldsymbol{F}=q\boldsymbol{E}$ なので，

電場 $\boldsymbol{E}$ は電位（静電ポテンシャル）V を用いて,

$$\boldsymbol{E}=-\boldsymbol{\nabla}V=\left(-\frac{\partial V}{\partial x},\ -\frac{\partial V}{\partial y},\ -\frac{\partial V}{\partial z}\right) \tag{4.3}$$

と書ける．位置エネルギーの差 ΔU と電位の差 ΔV は

$$\Delta U=q\Delta V \tag{4.4}$$

である．

(2) 平行平板での電位

平行平板電極での電場と荷電粒子の運動を考える（図 4.1）．電場の向きが x 軸の負の方向の場合には，負の一定の電場（$E(x)=-E_0$）により正電荷の粒子には大きさ一定で負の方向の力が働く（図 4.1 (a)-(b)）．電場 $E(x)$ の中での電荷 q のポテンシャルエネルギー（位置エネルギー）$U(x)$ は，電気力 $F(x)=qE(x)=-dU(x)/dx$ であり,

$$U(x)-U(0)=-\int_0^x qE(x)dx=\int_0^x qE_0 dx=qE_0 x$$

となり，負の電極の位置での値 $U(0)$ をゼロとすると

$$U(x)=qE_0 x \tag{4.5}$$

である（図 4.1 (c)）．正電荷 q の粒子はポテンシャルエネルギー U の坂を転げ落ちるように運動するといえる．電極間の距離を d とすると $U(d)=qE_0 d$ であり，電極間の電位（静電ポテンシャル）$V=U(d)/q$ は

$$V=E_0 d \tag{4.6}$$

である．

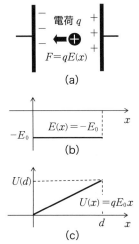

図 4.1　平行平板での (a) 荷電粒子に働く力 F，(b) 電場の大きさ $E(x)$ と (c) 電場のポテンシャルエネルギー $U(x)$．

ポテンシャルエネルギー U
単位 J

(3) 一様な重力場と電場との比較

一様な下向きの重力場（重力加速度が $-g$ [m/s^2]<0）の場合には，高さ x [m] で質量 m [kg] の物体に加わる力は $-mg$ [N] であり，位置エネルギー（ポテンシャルエネルギー）は $U(x)=mgx$ [J] である．同様に，一様な下向き電場 $-E_0$ [V/m] での電荷 q [C] に加わる力は $-qE_0$ [N] であり，位置 x [m] でのポテンシャルエネルギーは $U(x)=qE_0 x$ [J] である（図 4.2）．

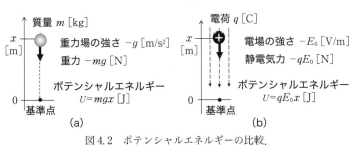

図 4.2　ポテンシャルエネルギーの比較．
(a) 一様な重力場と (b) 一様な電場．

例題 4.1 平板面積 A の 1 対の平行平板に電荷 $\pm Q$ が帯電している．平板間の距離を d として，平板間の電位差（電圧）を求めよ．
（答：電場の強度はガウスの法則 $(EA=Q/\varepsilon_0)$ より $E=Q/(\varepsilon_0 A)$ であり，平板間の電位差は $V=Ed=Qd/(\varepsilon_0 A)$）

4.2 球電荷でのポテンシャルエネルギーと電位

(1) 球電荷での電位

点電荷の電場の中の荷電粒子の運動の場合を考える（図4.3）．電荷 Q [C] をもつ点電荷から距離 r [m] の点 P での電位を求める．Q から，無限に遠い点では Q の作用を受けないからその場所での電位を 0 と考える．したがって，無限に遠い点と点 P との電位差が点 P の電位となる．

1 C の電荷を無限から点 P まで移動するための仕事を計算し，点 P の電位を求めることができる．

まず，P 点の電場の強さ E [V/m] は，

$$E = k_0 \frac{Q}{r^2} = \frac{1}{4\pi\varepsilon_0} \frac{Q}{r^2} \tag{4.7}$$

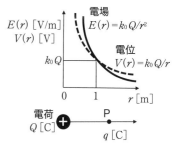

図4.3 電荷 Q と電場 E および電位 V．

で，微小距離 Δr [m] の間では E は一定と考えて，$+q$ [C] のテスト電荷を電気力 $F=qE$ に逆らって Δr だけ移動させるのに要する仕事 ΔU [J] は

$$\Delta U = -F\Delta r = -qE\Delta r = -\frac{1}{4\pi\varepsilon_0}\frac{qQ}{r^2}\Delta r$$

となる．したがって，無限遠の点から点 P までテスト電荷 q を移動させたときのポテンシャルエネルギー $U(r)$ は

$$U(r) = \int dU = -q\int_\infty^r E dr = -\frac{qQ}{4\pi\varepsilon_0}\int_\infty^r \frac{1}{r^2}dr = \frac{qQ}{4\pi\varepsilon_0 r} \tag{4.8}$$

である．これをテスト電荷 q [C] で割って点 P の電位 $V(r)$ [V] が求まる．

$$V(r) = \frac{U(r)}{q} = -\int_\infty^r E dr = \frac{Q}{4\pi\varepsilon_0 r} \tag{4.9}$$

(2) 球対称の電場と重力場との比較

電荷 Q [C] から半径 r [m] の位置での電場 $\boldsymbol{E}$ [V/m] とその位置に置かれたテスト電荷 q [C] にかかる静電気力 $\boldsymbol{F}$ [N] は，静電ポテンシャル（電位）V [V] と静電ポテンシャルエネルギー U [J] を用いて

$$\boldsymbol{E} = k_0 \frac{Q}{r^2}\frac{\boldsymbol{r}}{r} = \frac{1}{4\pi\varepsilon_0}\frac{Q}{r^2}\boldsymbol{e}_r \equiv -\boldsymbol{\nabla} V \tag{4.10}$$

22 第4章 電場と電位2

$$F = qE = \frac{1}{4\pi\varepsilon_0}\frac{qQ}{r}e_r \equiv -\nabla U \qquad (4.11)$$

である．ここで，半径方向の基本単位ベクトル $e_r = r/r$ を用いた．U，V はともに無限遠点をゼロ基準として，

$$V = \frac{1}{4\pi\varepsilon_0}\frac{Q}{r} \qquad (4.12)$$

$$U = \frac{1}{4\pi\varepsilon_0}\frac{qQ}{r} \qquad (4.13)$$

と書ける．

重力（万有引力）の場合には，質量 M [kg] から半径 r [m] の位置に質量 m [kg] の物体を置いた場合の質量 m [kg] に加わる重力加速度 g [m/s^2] と力 F [N] は，万有引力の法則から

$$g = -\frac{GM}{r^2}e_r \equiv -\nabla\Phi_g \qquad (4.14)$$

$$F = mg = -\frac{GmM}{r^2}e_r \equiv -\nabla U_g \qquad (4.15)$$

であり，この Φ_g は重力ポテンシャルと呼ばれる．重力ポテンシャルエネルギー U_g は

$$\Phi_g = -\frac{GM}{r} \qquad (4.16)$$

$$U_g = m\Phi_g = -\frac{GmM}{r} \qquad (4.17)$$

であり，電場におけるポテンシャル V とポテンシャルエネルギー U とが，万有引力のポテンシャル Φ_g とポテンシャルエネルギー U_g とにそれぞれ相当する．

(3) 電子ボルト

電子ボルト
$1\,\mathrm{eV} = 1.602\times10^{-19}\,\mathrm{J}$

静電型粒子加速器では1個の陽子や電子を高電圧で加速される．電子1個が1Vの電圧の電位差を通過し加速する場合の運動エネルギーの増加を1 **電子ボルト**（electron volt）といい1 eV と書く．電気素量 e は 1.602×10^{-19} C なので，

$$1\,\mathrm{eV} = 1.602\times10^{-19}\,\mathrm{J}$$

である．これは原子物理学での実用単位として用いられている．

例題 4.2 真空中において，4×10^{-6} C の点電荷から 20 cm 離れた点の電場，および，無限遠を基準としての電位はいくらか．
（答：$E = Q/(4\pi\varepsilon_0 r^2) = 9.0\times10^9\times4\times10^{-6}/0.2^2 = 9.0\times10^5$ V/m,
$V = Q/(4\pi\varepsilon_0 r) = 9.0\times10^9\times4\times10^{-6}/0.2 = 1.8\times10^5$ V）

4.3 導体と静電遮蔽

球殻導体の内部に電荷があり導体が接地されていない場合には，外部にも電場が誘起される（図 4.4 (a)）．一方，接地されている場合には，導体の外には電場は生成されない（図 4.4 (b)）．また，導体の外部のみに電荷がある場合には，球殻導体の内面は同じポテンシャルなので，導体を接地しなくても導体に囲まれた空間内部では電位はゼロとなる．

一般的に，導体で囲まれた空間の内部は，外側の空間と隔離され，外部の電場は内部に影響を及ぼさない．これらの現象を**静電遮蔽**（electrostatic shielding）という．なお，静電遮蔽は金網のような囲いでも起こり，網目が細かいほど十分な効果が期待できる．

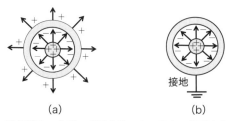

図 4.4 球殻導体の内部に荷電球体がある場合の静電遮蔽の原理．
(a) 球殻導体が接地されていない場合には，外部に電場が誘起される．
(b) 球殻導体が接地されている場合には，外部の電場はゼロとなり，外部への静電場が遮蔽される．

> **例題 4.3** 静電遮蔽の例を述べよ（電磁遮蔽を含めてもよい）．
> （答：金網で囲った箔検電器に帯電体を近づけても箔は開かない．車の中では落雷の影響が及ばず安全である．オーディオ用多芯ケーブルには静電的電磁的ノイズを防ぐためにシールド線が用いられる．鉄筋コンクリーの建物内では携帯電話の電波が届かない）

 電磁気クイズ 4：球導体の帯電の様子は？
（4 択問題）

> 真空中に帯電した金属導体球がある．正しい配位はどれか
> (a) 表面と中心に電荷が分布し，内部に電場がある．
> (b) 表面に電荷が分布し，内部に電場はない．
> (c) 片側に電荷が分布し，逆の電荷は反対側に分布し，内部電場がある．
> (d) 電荷は表面にはなく，内部に一様に分布している．

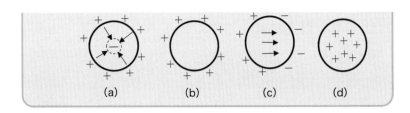

(a)   (b)   (c)   (d)

 映画の中の電磁気 4：ニューヨーク市大停電と電気人間
（SF 映画「アメージング・スパイダーマン 2」）

　米国のヒーローコミック「スパイダーマン」の実写映画は 2002 年より 3 作公開され，新シリーズの 2 作目（通算 5 作目）として「アメージング・スパイダーマン 2」（米国マーベル・エンターテイメント製作，マーク・ウェブ監督）が 2014 年に公開された．本編でのスパイダーマンの最大の敵は，オズコープ社の技師が感電事故により変貌したエレクトロ（電気人間）であり，ニューヨーク市の大停電を引き起こされてしまう．ピーター（スパイダーマン）は電池が過充電により爆発することの実験にヒントを得てエレクトロと対決し，危機を乗り越えることになる．

　スパイダーマンの映画では，振り子運動の力学や電気人間の電磁気学，新生物出現のバイオサイエンスなど，さまざまな科学の夢がちりばめられている．

図　電気人間「エレクトロ」とスパイダーマンの対決．

第 4 章　演習問題

4-1　x 軸上の $x=-10\,\mathrm{m}$ に $+2\,\mu\mathrm{C}$ の電荷 A を置き，$x=10\,\mathrm{m}$ の場所に $+2\,\mu\mathrm{C}$ の電荷 B を置いた．
(1) この x 軸上の静電ポテンシャル $V(x)$ の図を x の関数として描け．
(2) 上記の (1) で $x=10\,\mathrm{m}$ の電荷 B を $-2\,\mathrm{C}$ とした場合の静電ポテンシャル $V(x)$ を描け．
(3) 原点での電場と電位を上記 (1) および (2) において各々求めよ．

4-2　真空中で x-y 座標の原点に $+2\,\mu\mathrm{C}$ の正電荷を置く．x 軸上 1.0 m を点 A，x 軸上 2.0 m を点 B，y 軸上 2.0 m を点 C，$(\sqrt{2}\,\mathrm{m},\ \sqrt{2}\,\mathrm{m})$ の位置を点 D とする．無限遠をゼロとした電位を考える．
(1) 点 A, B, C, D での電場の強さ，および，電位を求めよ．
(2) 点 A に正電荷 $+4\,\mu\mathrm{C}$ を置いた場合の静電エネルギー U_A はいくらか．
(3) 正電荷 $+4\,\mu\mathrm{C}$ を点 D から点 A に移動するための仕事はいくらか．

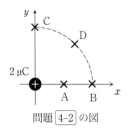

問題 4-2 の図

4-3 x-y座標において，y方向に強さE_0の一様な電場$\boldsymbol{E}=(0,E_0)$がある．正の点電荷q ($q>0$)を原点O(0,0)からy軸上で点P(0,b)を経由してx軸に平行に点Q(a,b)までゆっくりと移動させた．

(1) 原点Oに置いた点電荷qに加わる電気力のベクトル$\boldsymbol{F}$を求めよ．

(2) OからPまでの経路で移動する場合に，電気力$\boldsymbol{F}$がする仕事 $W=\int_O^P \boldsymbol{F}\cdot d\boldsymbol{r}$ を求めよ．

(3) 点電荷qがOからPまでの経路で移動する場合に，電気力$\boldsymbol{F}$に逆らって外力がする仕事 $U=-\int_O^P \boldsymbol{F}\cdot d\boldsymbol{r}$ を求めよ．

(4) 点電荷qがO→P→Qの経路で移動する場合に，電気力に逆らって外力がする仕事を求めよ．

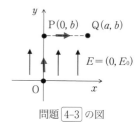

問題 4-3 の図

4-4 半径a [m]の球内に電荷Q [C]が一様に分布している物体がある．

(1) 電荷密度ρを求めよ．

(2) 中心から距離r [m]の関数として，球内（$0<r\leqq a$）および球外（$a<r<\infty$）の電場を求めよ．

(3) 無限遠での電位をゼロとして，中心から距離r [m]での電位 $V(r)$ [V/m]を求めよ．

 科学史コラム4：ガルバーニの動物電気（1791年）と
ボルタの電池（1800年）

1791年にガルバーニ（Luigi Galvani, 1737-1798年，イタリアの解剖学者）はカエルの脚が金属片に触れると筋肉が痙攣することを発見し，筋肉を収縮させる力を「動物電気」と名付け，生体の電気現象の解明に道を開いた．一方，アレッサンドロ・ボルタ（Alessandro Anastasio Volta, 1745-1827年，イタリアの物理学者）はこの動物電気が筋肉に蓄えられているとの解釈に疑問を感じ，2種類の金属間に電圧が発生することが原因であるとして，1800年の「ボルタの電池」の発見につながった．

電気をためる装置は，オランダのライデン大学で1746年に発明された「ライデン瓶」があり，フランクリンの凧揚げ実験でも利用されていたが，ボルタの電池により，一定の電流を発生させることができるようになった．彼に名にちなんで，電圧の基本単位の名は「ボルト」とすることとなった．

電磁気クイズ4の答　(b)
(解説) 導体では自由電子が容易に移動できるので，導体内部は同電位であり，荷電粒子は表面に分布する．

第5章 電気容量と誘電体1
(キャパシタンス)

キーポイント
5.1 キャパシター，静電容量（キャパシタンス）$C \equiv \dfrac{Q}{V}$，
単位：F（ファラッド）または C/V（クーロン毎ボルト）

5.2 平行平板のキャパシタンス $C = \dfrac{\varepsilon_0 A}{d}$，

5.3 同軸円筒のキャパシタンス $C = \dfrac{2\pi\varepsilon_0 L}{\log(b/a)}$，孤立球のキャパシタンス $C = 4\pi\varepsilon_0 R$，
同心球殻のキャパシタンス $C = \dfrac{4\pi\varepsilon_0 ab}{b-a}$

5.1 静電容量（キャパシタンス）

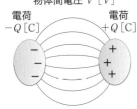

図5.1 電荷，電圧と静電容量．

キャパシタンス
(静電容量) C
単位：F または C/V

2個の1組の物体に正負の電荷 $\pm Q$ [C] を与えると物体間に電圧 V [V] が誘起される．あるいは，物体間に電圧 V [V] を印加すると電荷 Q [C] をためることができる（図5.1）．その場合，蓄積されている電気量 Q [C] は物体間にかかる電圧 V [V] に比例する．

$$Q = CV \tag{5.1}$$

ここで，比例係数 C はキャパシターの**静電容量（電気容量）**または**キャパシタンス** (capacitance) という．単位は**クーロン毎ボルト**（記号は C/V）であり，**ファラッド** (farad, 記号 F) という．

$$1\,\mathrm{F} = 1\,\mathrm{CV}^{-1} = 1\,\mathrm{m}^{-2}\mathrm{kg}^{-1}\mathrm{s}^4\mathrm{A}^2$$

また，電荷を蓄積させることができるこのシステムを**キャパシター** (capacitor) または**コンデンサー**という（英語の condenser は熱機関の凝縮器，復水器の意味であり，蓄電器の意味ではコンデンサーよりもキャパシターと呼ぶ方がよい）．

(参考)「キャパシタ」か「キャパシター」か？

JIS 規格（JISZ 8301）では，『2音の用語は長音符号を付け，3音以上の用語の場合は省くことを原則とする』として，科学技術・工学系の用語が定義されてきた．ただし，「長音符号は，用いても略しても誤りでない」としている．一方，1991年に国語審議会の答申を受けて出された内閣告示にもとづく外来語の表記ルールでは，「原則として語尾が"-er", "-or", "-ar"で終わる語彙は長音を付ける」としており，最近の新聞・雑誌・インターネット等でもこれに従っている場合が多い．本書でも長音符号をつけることとし「キャパシター」と記した．

例題 5.1 あるキャパシターに 1 kV を印加すると 5 mC の電荷が蓄積した．このキャパシターの電気容量を求めよ．
（答：$C=Q/V=5\times10^{-3}/10^3=5\times10^{-6}$ F=5 μF）

5.2 平行平板の静電容量

平行平板のキャパシターにおいて（図 5.2），平面極板の面積 A [m²] が大きいほど，また，2 枚の平行極板の距離 d [m] が小さいほどキャパシターの静電容量が大きくなり

$$C=\frac{\varepsilon_0 A}{d} \quad (5.2)$$

である．ε_0 は**真空の誘電率**（vacuum permittivity）と呼ばれ，

$$\varepsilon_0=\frac{1}{\mu_0 c^2}=8.85418782\times10^{-12} \text{ F/m}$$

で定義される定数である．

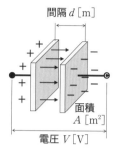

図 5.2 平行平板キャパシターの静電容量．
$C=\varepsilon_0 A/d$

式 (5.2) はガウスの法則から導ける．平行平板に電荷 $\pm Q$（面電荷密度 σ を用いると $\pm\sigma A$）が帯電しているときには，$+Q$ だけを覆う閉曲面にガウスの法則を適用し，平行平板内の電界強度を E として，$E=\sigma/\varepsilon_0=Q/(\varepsilon_0 A)$ であり（式 (3.14)），極板間電圧は $V=Ed=Qd/(\varepsilon_0 A)$ である．したがって，キャパシタンス $C=Q/V=\varepsilon_0 A/d$ が導かれる．

例題 5.2 面積 10 cm² の 2 枚の金属板を真空中で間隔 5 mm に設置した．この平行平板の電気容量を求めよ．
（答：$C=\varepsilon_0 A/d=8.85\times10^{-12}\times10\times10^{-4}/0.005=1.8\times10^{-12}$ F=1.8 pF）

5.3 さまざまなキャパシターの静電容量

(1) 同軸円筒のキャパシタンス

内径 a，外径 b で長さ L の細長い（$L\gg b$）同軸円筒キャパシターを考える（図 5.3）．内側の中心軸に電荷 $+Q$ [C] が，外側円筒に $-Q$ [C] が蓄えられるとすると，中心軸から距離 r ($a<r<b$) における電場 $E(r)$ はガウスの法則より $E(r)\cdot 2\pi rL=Q/\varepsilon_0$ なので

$$E(r)=\frac{Q}{2\pi\varepsilon_0 rL} \quad (5.3)$$

で表される．この電極間にできる電位差 V [V] は

$$V=-\int_b^a E(r)dr=-\int_b^a \frac{Q}{2\pi\varepsilon_0 rL}dr=\frac{Q}{2\pi\varepsilon_0 L}\log\frac{b}{a} \quad (5.4)$$

となる．したがって求める電気容量 C [F] は

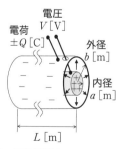

図 5.3 同軸円筒キャパシターの静電容量．
$C=2\pi\varepsilon_0 L/\log(b/a)$

$$C=\frac{Q}{V}=\frac{2\pi\varepsilon_0 L}{\log(b/a)} \tag{5.5}$$

である．ここでの対数 $\log x$ は，ネイピア数 ($e=2.71828\ldots$) を底とした自然対数 ($\log_e x$, $\ln x$) である．

> **例題 5.3a** 内径 2 cm，外径 4 cm で長さ 1 m の細長い同軸円筒キャパシターの静電容量（キャパシタンス）を求めよ．
> （答：$\log_e 2 = 0.693$ なので $C = 2 \times 3.14 \times 8.85 \times 10^{-12} \times 1/\log_e 2 = 8.0 \times 10^{-11}$ F）

(2) 孤立球のキャパシタンス

電荷 Q [C] を帯電した半径 R [m] の導体球がある（図 5.4）．半径 r ($r > R$) での電場 $E(r)$ はガウスの法則から $E(r) 4\pi r^2 = Q/\varepsilon_0$ であり，

$$E(r) = \frac{Q}{4\pi\varepsilon_0 r^2} \tag{5.6}$$

なので，無限遠を基準としての電位 V は

$$V = -\int_\infty^R E(r) dr = -\int_\infty^R \frac{Q}{4\pi\varepsilon_0 r^2} dr = \frac{Q}{4\pi\varepsilon_0 R} \tag{5.7}$$

である．この孤立導体球の真空中のキャパシタンスは $C = Q/V$ の定義より

$$C = 4\pi\varepsilon_0 R \tag{5.8}$$

である．

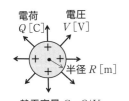

図 5.4 孤立球導体の静電容量．$C = 4\pi\varepsilon_0 R$

> **例題 5.3b** 半径 1 m の導体球がある．静電容量はいくらか．
> （答：$C = 4\pi\varepsilon_0 R = 4 \times 3.14 \times 8.85 \times 10^{-12} \times 1 = 1.1 \times 10^{-10}$ F）

(3) 同心球殻のキャパシタンス

半径 a の球を半径 b の球殻が覆うキャパシターを同心球殻キャパシターと呼ぶ（図 5.5）．中心導体球の電荷を Q とすると外側の球殻の電荷は $-Q$ である．半径 $r = a$ の導体内と $r = b$ の球殻外での電場はともにゼロであり，電場は

$$\left.\begin{array}{ll} E(r) = 0 & (0 \leq r < a) \\ E(r) = \dfrac{Q}{4\pi\varepsilon_0 r^2} & (a < r < b) \\ E(r) = 0 & (b < r < \infty) \end{array}\right\} \tag{5.9}$$

である．ここで無限遠方での電位をゼロとして，半径 r での電位 $V(r)$ は

$$V(r) = -\int_\infty^r E dr$$

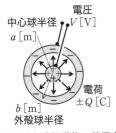

図 5.5 同心球殻導体の静電容量．$C = 4\pi\varepsilon_0 ab/(b-a)$

であり，

$$V(r)=0 \quad (b\leq r<\infty)$$
$$V(r)=\frac{Q}{4\pi\varepsilon_0 r}-\frac{Q}{4\pi\varepsilon_0 b} \quad (a<r<b)$$
$$V(r)=\frac{Q}{4\pi\varepsilon_0 a}-\frac{Q}{4\pi\varepsilon_0 b} \quad (0\leq r\leq a)$$
(5.10)

である．したがって，2つの極板の電位差は

$$V=V(a)-V(b)=\frac{Q}{4\pi\varepsilon_0 a}-\frac{Q}{4\pi\varepsilon_0 b} \quad (5.11)$$

となり，電気容量 C は

$$C=\frac{Q}{V}=\frac{4\pi\varepsilon_0 ab}{b-a} \quad (5.12)$$

である．半径 b を無限大とする極限を考えると，半径 a の前項の孤立導体球の電気容量 $C=4\pi\varepsilon_0 a$ が得られる．

以上，(1)～(3) のキャパシターの例では極板間は真空と考えたが，物質で満たされている場合には，真空の誘電率 ε_0 のかわりに，ε_0 と極板間の物質の比誘電率 ε_r の積として定義される誘電率 ε

$$\varepsilon=\varepsilon_0\varepsilon_r$$

を用いる必要がある (6 章参照)．ちなみに，空気の比誘電率は 1.00057 であり，真空と同じと考えてよい．

> **例題 5.3c** 内殻の半径が 20 cm で外殻の半径が 30 cm の同心球殻キャパシターの電気容量はいくらか．ただし，電極間には比誘電率が 8.0 の物質で満たされているとする．
> (答：$C=4\pi\varepsilon_r\varepsilon_0 ab/(b-a)=4\pi\times 8.0\times 8.85\times 10^{-12}\times 0.2\times 0.3/(0.3-0.2)$
> $=5.3\times 10^{-10}$ F)

 電磁気クイズ 5：金属球の静電ポテンシャルは？
(4 択問題)

真空中に負電荷 $-Q$ をもつ半径 a の金属球がある．この場合の電位 (静電ポテンシャル) $V(r)$ はどれが正しいか？

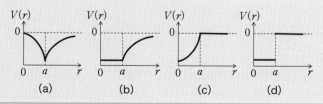

映画の中の電磁気 5：コンピューターと人間社会
（SF 映画「マトリックス」）

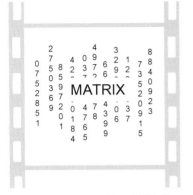

図　マトリックスと人間との壮絶な戦い．

空想科学映画「マトリックス」3 部作（1999 年，リローデッド 2003 年，レボリューションズ 2003 年公開）では，仮想世界におけるコンピューターと人間との壮絶な戦いをテーマとしている．人間の殲滅を狙う機械社会「マトリックス」は，人類最後の地下理想郷「ザイオン」を探し出し攻撃を仕掛けてくる．それに立ち向かうキアヌリーブス扮する救世主ネオの果敢な挑戦，そして，トリニティとの甘いロマンスが描かれている．

未来社会を予測することは非常に難しい．1901 年（明治 34 年）の報知新聞の「20 世紀の予言」では 100 年後の未来の展望が述べられたが，今日のような PC の普及とインターネットの普及は予想できていなかった．ロシアの経済学者コンドラチェフは 1920 年代に景気の波は 50〜60 年周期でやってくるとの学説を発表した．技術革新が経済市場に影響するのに数十年の年月がかかるからであるとの指摘である．現在，半導体の技術革新とソフトウェアの開発展開により情報（IT）革命が進行中である．

第 5 章　演習問題

5-1　面積 100 cm^2（＝10^{-2} m^2）の 2 枚の金属板を間隔 5 mm に比誘電率 8 の雲母で満たした．
   (1) この平行平板の電気容量を求めよ．
   (2) 1 kV の電圧を加えると電荷はどれだけ蓄えられるか．
   (3) このキャパシターに蓄えられている静電エネルギーはどれだけか．
   (4) また，静電エネルギー密度はどれだけか．

5-2　地球を大きなキャパシターと考えると電気容量はいくらか．地球の半径は 6.4×10^6 m とせよ．

5-3　電気容量が C_1, C_2（$C_1 > C_2$）の 2 つのキャパシターを並列につなぎ，電位差 V に充電した．
   (1) それを切り離し，C_1 の ＋，－ 極をそれぞれ C_2 の －，＋ 極に接続すると電圧はいくらになるか．
   (2) その間に失われたエネルギーはいくらか．
   (3) その損失エネルギーはどこへいったのか説明せよ．

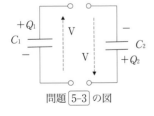

問題 5-3 の図

5-4　接地された無限平板導体がある．導体から距離 a だけ離れているところに電荷 Q の点電荷を置いた．導体のかわりに，導体に対して反対の位置に電荷 $-Q$ の点電荷を置いた場合の電荷 Q 側の電場は，

導体の場合の導体外の電場と同じである．これは鏡像法と呼ばれる．
(1) 導体の表面に誘起される電気量の面密度を求めよ．
(2) 点電荷に働く力の大きさを求めよ．

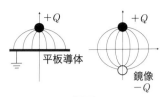

問題 5-4 の図

科学史コラム5：エジソンとテスラの確執
（1880年代後半）

電気のエネルギーの利用の試みは近年になってからであり，1752年にベンジャミン・フランクリン（米国，1706-1790年，政治家で物理学者）により雷の電気エネルギーについての凧の実験がなされ，発明家トーマス・エジソン（米国，1847-1931年）により白熱電球が発明された．また，エジソンにより電気の利用の事業化がなされ，アメリカのゼネラル・エレクトリック（GE）社の基礎を作った．

家庭用の電気は交流送電であるが，歴史的には，直流か交流かの確執がエジソンの時代からあった．直流電力の有用性を提唱したエジソンに対して，交流電力の優位性を主張したのがニコラ・テスラ（Nikola Tesla, 1856-1943年，セルビア人電気技師）であり，「電流戦争」として主張してぶつかりあった．1896年のナイアガラの滝でのアダムズ発電所での交流発電・変電により，交流の優位性が決定的となる．現代ではパワーエレクトロニクスの進展により，直流と交流との相互変換は容易となっている．

日本での送電の歴史は明治20年（1987年）の直流送電にさかのぼるが，その後，需要の増大にともなって，電力損失の少ない高圧の交流送電に切り替える際に，東京では日本の最初の電力会社である東京電燈がドイツAEG社の50Hz発電機を，大阪では大阪電燈がアメリカGE社の60Hz発電機を採用した．そのために，静岡県の富士川，新潟県の糸魚川から東が50Hz，西が60Hzとなった．

交流送電では電圧の変更が容易であるという利点があり，高圧にするほど電力損失割合が少なくなるので交流送電が用いられてきた．しかし，長距離送電の場合には位相がずれてしまい電力の安定性の保持が難しくなることがある．さらに，高い絶縁容量やリアクタンス，不要な表皮効果などの欠点もある．これらの欠点を補うために，日本では，本州北海道間や本州四国間などでは高圧の直流送電が用いられてきている．

電磁気クイズ5の答　(b)
（解説）　無限大で電位はゼロである．荷電粒子は表面に分布するので，そこで電位の勾配が不連続である．導体内部には電場がないので電位は一定であり，外部では負の電場があるので電位は増加する．

第6章 電気容量と誘電体 2
(静電エネルギーと誘電体)

キーポイント

6.1 キャパシターの並列接続 $C=\sum_{i=1}^{n} C_i$, 直列接続 $\dfrac{1}{C}=\sum_{i=1}^{n}\dfrac{1}{C_i}$

6.2 キャパシターエネルギー $U_C=\dfrac{1}{2C}Q^2=\dfrac{1}{2}CV^2$, エネルギー密度 $u_C=\dfrac{1}{2}\varepsilon_0 E^2$,

極板間の引力 $F=-u_C A=-\dfrac{1}{2}\varepsilon_0 E^2 A=-\dfrac{1}{2\varepsilon_0}\dfrac{Q^2}{A}$

6.3 誘電体のキャパシタンス $C=\varepsilon_r C_0$, $E=\dfrac{E_0}{\varepsilon_r}$, 比誘電率 ε_r

6.1 キャパシターの接続

(1) 並列接続

図 6.1 に示したように,静電容量が C_1 と C_2 の 2 つのキャパシターを並列につないだ.端子間に電圧 V を加えた場合,それぞれの電荷は

$$Q_1=C_1 V, \quad Q_2=C_2 V$$

である.したがって,端子からみた全電荷 Q は

$$Q=Q_1+Q_2=C_1 V+C_2 V=(C_1+C_2)V$$

であり,端子からみた合成静電容量 C は

$$C=\dfrac{Q}{V}=C_1+C_2 \tag{6.1}$$

である.合成電荷と各電荷の関係は

$$Q_1=C_1 V=\dfrac{C_1}{C}Q=\dfrac{C_1}{C_1+C_2}Q$$

$$Q_2=C_2 V=\dfrac{C_2}{C}Q=\dfrac{C_2}{C_1+C_2}Q$$

である.

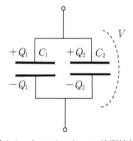

図 6.1 キャパシターの並列接続.

一般的に静電容量が $C_1, C_2, C_3, ..., C_n$ 個のキャパシターを並列接続した場合の合成静電容量は

$$C=C_1+C_2+C_3+\cdots+C_n=\sum_{i=1}^{n} C_i \tag{6.2}$$

となる.

> **例題 6.1a** 静電容量 $C_1=2\,\mu\mathrm{F}$ と $C_2=8\,\mu\mathrm{F}$ を並列接続して 5 V の電圧を加えた.合成静電容量 C と各々蓄えられる電荷 Q_1, Q_2 を求めよ.
> (答:$C=C_1+C_2=2+8=10\,\mu\mathrm{F}$, $Q_1=C_1 V=2\times 5=10\,\mu\mathrm{C}$,

$$Q_2 = C_2 V = 8 \times 5 = 40\,\mu\text{C}, \quad Q = Q_1 + Q_2 = 50\,\mu\text{C})$$

(2) 直列接続

図 6.2 に示したように，静電容量が C_1 と C_2 の 2 つのキャパシターを直列につないだ．2 つのキャパシターは最初に帯電していないとして，全体に電圧 V を加えた場合，2 つのキャパシターに生じる電荷は同じ Q であり，それぞれの電圧を V_1, V_2 とすると

$$Q = C_1 V_1 = C_2 V_2$$

である．したがって，端子間の電位差は

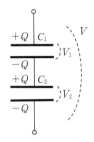

図 6.2 キャパシターの直列接続．

$$V = V_1 + V_2 = \frac{C}{C_1} Q + \frac{C}{C_2} Q = \left(\frac{1}{C_1} + \frac{1}{C_2} \right) Q$$

であり，端子からみた合成静電容量は

$$C = \frac{Q}{V} = 1 \bigg/ \left(\frac{1}{C_1} + \frac{1}{C_2} \right) = \frac{C_1 C_2}{(C_1 + C_2)} \tag{6.3}$$

である．全電圧と各電圧の関係は

$$V_1 = \frac{Q}{C_1} = \frac{C}{C_1} V = \frac{C_2}{(C_1 + C_2)} V$$

$$V_2 = \frac{Q}{C_2} = \frac{C}{C_2} V = \frac{C_1}{(C_1 + C_2)} V$$

である．

一般的に静電容量が $C_1, C_2, C_3, \ldots, C_n$ 個のキャパシターを直列接続した場合の合成静電容量 C は

$$\frac{1}{C} = \frac{1}{C_1} + \frac{1}{C_2} + \frac{1}{C_3} + \cdots + \frac{1}{C_n} = \sum_{i=1}^{n} \frac{1}{C_i} \tag{6.4}$$

となる．

例題 6.1b 静電容量 $C_1 = 2\,\mu\text{F}$ と $C_2 = 8\,\mu\text{F}$ を直列接続した．各々に蓄えられる電荷を $40\,\mu\text{C}$ とするには全体としてどれだけの電圧 V を加えればよいか．その場合に，各々の電圧 V_1, V_2 はいくらか．
(答：$C = C_1 C_2 / (C_1 + C_2) = 2 \times 8 / 10 = 1.6\,\mu\text{F}$, $V = Q/C = 40/1.6 = 25\,\text{V}$, $V_1 = Q/C_1 = 40/2 = 20\,\text{V}$, $V_2 = Q/C_2 = 40/8 = 5\,\text{V}$)

6.2 キャパシターのエネルギーと加わる力

(1) 静電エネルギー

キャパシタンス C [F] のキャパシターに蓄積する電荷量を 0 から Q [C] まで変化させる仕事を考える．電圧は 0 から V [V] に変化する．途中の電荷量が q [C] の場合には電圧 v [V] は $v = q/C$ であり，そのときに Δq [C] だけ電荷を増やす仕事の増分 Δw [J] は $\Delta w = v \Delta q = q \Delta q / C$

である（図 6.3 (a)）．したがって，キャパシター内の**静電エネルギー**（electrostatic energy）U_C [J] は 0 から Q までの ΔW の和（三角形の面積）を計算すればよく，

$$U_C = \frac{1}{2}CV^2 \tag{6.5}$$

である（図 6.3 (b)）．あるいは，積分計算をして

$$U_C = \int dw = \int_0^Q \frac{1}{C} q \, dq = \frac{1}{2C}Q^2 = \frac{1}{2}CV^2$$

である．

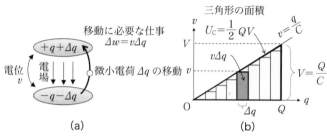

図 6.3 (a) 微小電荷の移動に必要な仕事 ΔW と (b) キャパシターの静電エネルギー U_C．

面積 A [m²] で間隔 d [m] の平行平板キャパシターの場合には，極板間の空間の体積は Ad [m³] なので，単位体積あたりの静電エネルギー密度は u_C [J/m³] $= U_C/(Ad)$ であり，電場の強さ E [N/C] $= V/d$ [V/m] を用いて，真空の場合には，キャパシタンスは式 (5.2) より C [F] $= \varepsilon_0 A/d$ なので

$$u_C = \frac{1}{2}\varepsilon_0 E^2 \tag{6.6}$$

となる．キャパシター内が**比誘電率**（relative permittivity）ε_r の物質で満たされている場合には，誘電率 ε は

$$\varepsilon = \varepsilon_r \varepsilon_0$$

であり

$$u_C = \frac{1}{2}\varepsilon E^2 \tag{6.7}$$

となる．物質の典型的な比誘電率を表 6.1 に示した．

表 6.1 物質の比誘電率．

物質名	比誘電率
真空	1.00000
空気	1.00059
紙，ゴム	2.0〜3.0
雲母	7.0〜8.0
アルミナ（Al₂O₃）	8.5
水	80
チタン酸バリウム	〜5000

> **例題 6.2a** 静電容量 20 pF（$= 20 \times 10^{-12}$ F）の平行平板キャパシター（極板間隔 5.0 mm）がある．20 V に充電した場合の静電エネルギー U_C [J] はいくらか．また，静電エネルギー密度 u_C [J/m³] はいくらか．
> （答：$U_C = (1/2)CV^2 = (1/2) \times 20 \times 10^{-12} \times 20^2 = 4.0 \times 10^{-9}$ J，
> $E = V/d = 20/0.005 = 4 \times 10^3$ V/m，
> $u_C = (1/2)\varepsilon_0 E^2 = (1/2) \times 8.85 \times 10^{-12} \times (4 \times 10^3)^2 = 7.1 \times 10^{-5}$ J/m³）

6.3 誘電体キャパシター 35

(2) 加わる力

　平行平板電極のキャパシターの電気量 $\pm Q$ [C] が変化しない場合には，内部の電場 E [V/m] は電極間距離 d [m] に依存せず一定値 $E=Q/(\varepsilon_0 A)$ であった（5.2節）．このキャパシターの両電極間には F [N] の力が働いているとする．一方の電極板が Δx [m] だけ動いたとすれば，このときの仕事量は $F\Delta x$ [J] となる．また，Δx [m] 動いた部分の両極間の体積の変化は $A\Delta x$ になるので，この間の空間のエネルギーの変化量は $u_\mathrm{C} A\Delta x$ である．

　ここで $u_\mathrm{C}=(1/2)\varepsilon_0 E^2$ は電場のエネルギー密度であり，電場の圧力に相当する．エネルギー保存から $F\Delta x+u_\mathrm{C} A\Delta x=0$ なので，平行平板キャパシターに加わる力 F [N] が求まる．

$$F=-u_\mathrm{C} A=-\frac{\varepsilon_0}{2}\frac{V^2}{d^2}A \qquad (6.8)$$

　式からわかるように，平行平板間の力（値が負なので吸引力）は，板の面積と電圧の2乗に比例し，板の間隔の2乗に反比例することがわかる．また，平行平板の静電容量は $C=\varepsilon_0 A/d$ なので，$Q=CV$，$V=Ed$ を用いて

$$F=-\frac{1}{2}\varepsilon_0 E^2 A=-\frac{Q^2}{2\varepsilon_0 A} \qquad (6.9)$$

であり，吸引力は電荷の2乗に比例する．

例題 6.2b 面積 $100\,\mathrm{cm}^2$ の2枚の金属板を間隔 $5\,\mathrm{mm}$ に設置して $1\,\mathrm{kV}$ を印加した場合に，電極に働く力の大きさはどれだけか．
（答：$F=(1/2)\varepsilon_0 A(V/d)^2=(1/2)\times 8.85\times 10^{-12}\times(100\times 10^{-4})$
$\times(10^3/0.005)^2=1.77\times 10^{-3}\,\mathrm{N}$）

6.3　誘電体キャパシター

　平行平板キャパシターの極板間が真空の場合と誘電体で満たされている場合との比較を行う．真空の場合（図6.4 (a)）の静電容量は

$$C_0=\frac{\varepsilon_0 A}{d}$$

であり，電荷 $\pm Q$ をもつ場合には，極板間の電圧 V_0，電場 E_0 はそれぞれ

$$V_0=\frac{Q}{C_0}=\frac{Qd}{\varepsilon_0 A}$$

$$E_0=\frac{V_0}{d}=\frac{Q}{\varepsilon_0 A}$$

である．

一方，極板間に比誘電率 ε_r ($\varepsilon_r>1$) の**誘電体** (dielectric) を挿入すると，誘電体の分子は分極するので（図 6.4 (b)），極板の電荷 $+Q, -Q$ は変化しないのに電場の強さ E は $1/\varepsilon_r$ 倍になり小さくなる．極板間の電位差は $V=Ed$ より $1/\varepsilon_r$ 倍と小さくなり，キャパシターの電気容量は $C=Q/V$ から ε_r 倍と大きくなる．

$$E=\frac{E_0}{\varepsilon_r} \tag{6.10}$$

$$V=\frac{V_0}{\varepsilon_r} \tag{6.11}$$

$$C=\varepsilon_r C_0=\frac{\varepsilon_r \varepsilon_0 A}{d} \tag{6.12}$$

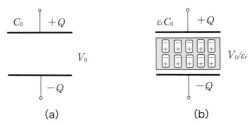

図 6.4 真空中の (a) 平行平板キャパシターと (b) 誘電体平行平板キャパシター．

 例題 6.3 正負に帯電した平行平板キャパシターがあり，電圧が 10 V で静電容量が 2.0 pF であった．ここで，1 pF（ピコファラッド）＝ 10^{-12} F である．このキャパシターの電極間を比誘電率 20 の物質で満たすと，電荷は同じとして電圧 V と静電容量 C はどうなるか．
（答：$V=V_0/\varepsilon_r=0.5$ V, $C=\varepsilon_r C_0=4.0\times 10^{-11}$ F）

Q 電磁気クイズ 6：キャパシターのエネルギーは？
　　　　　　　　　　　　（4 択問題）

静電容量が同じキャパシターが 2 個ある．片方には電荷 Q が蓄えられており，電荷がない片方のキャパシターに図のように接続した．キャパシターに蓄えられている全エネルギーはどうなるか．
① 保存される
② かすかに減少する
③ 半分になる
④ 4 分の 1 になる

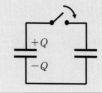

映画の中の電磁気 6：人間と回路ソフトウェア
（SF 映画「トロン」）

人間と潜航艇とが小さくなって人体の中に入る米国 SF 映画「ミクロの決死圏」（1966 年，リチャード・フライシャー監督）は有名であるが，コンピューター回路の中へ転送された主人公がシステムと闘う映画が「トロン」（1982 年）である．この映画のリメイク版が 2010 年に公開された「トロン・レガシー」（ジョセフ・コシンスキー監督）である．オペレーションシステム，プログラム，アルゴリズムなどのコンピューターの内部世界「グリッド」が映像化され，「ライトサイクル」と呼ばれる二輪車でのゲーム対決も印象的である．「バック・トゥ・ザ・フューチャー」（映画の中の電磁気 3）でもそうであるが，映画化された未来科学がいつかは現実のものとなる夢を多くの人は抱いている．この映画での車輪軸のない夢の電気二輪車「ライトサイクル」も米国の会社で開発され市販されている．

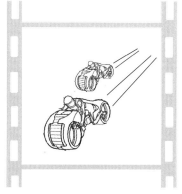

図　コンピューターの中での二輪車での戦い．

第 6 章　演習問題

6-1 3 個のキャパシター A (2.0 pF)，B (2.0 pF)，C (3.0 pF) がある．ここで 1 pF＝1×10^{-12} F である．A と B を直列接続し，この合成キャパシターをキャパシター C と並列接続し，端子 1～2 の間に 40 V を加えた．
(1) A と B との直列接続のキャパシタンスはいくらか．
(2) ABC 全体のキャパシタンスはいくらか．
(3) A, B, C 各々の電荷はいくらか．
(4) 全体の静電エネルギーはいくらか．

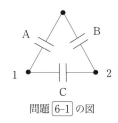

問題 6-1 の図

6-2 半径 a の孤立した導体球の表面に電荷 Q が一様に分布している．この導体球のまわりの電場の全静電エネルギーを求めよ．

6-3 極板面積 A [m^2] で極板間距離 d [m] の電気容量 C_0 の平行平板の空気キャパシターを考える．空気の誘電率は真空の誘電率 ε_0 で近似できる．
(1) この空気キャパシターの右半分（面積 $A/2$）を比誘電率 ε_r の誘電体で満たした場合の電気容量は C_0 の何倍か．
(2) この空気キャパシターの下半分（間隔 $d/2$）を上記 (1) と同じ誘電体で満たし，その上面を金属板でおおった場合の電気容量は C_0 の何倍か．

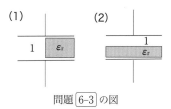

問題 6-3 の図

6-4 電荷 q，質量 m の等しい 2 つの帯電球体 A, B があり，球体 A は非常に遠くから初速度 v_0 で物体 B に近づく場合を考える．

(1)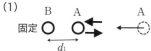

(2)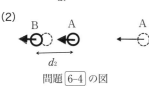

問題 6-4 の図

(1) Bが固定されている場合，運動エネルギーと静電ポテンシャルエネルギーの和が保存されることから，ABの最接近距離をd_1を求めよ．
(2) Bが自由に動く場合，ABが最接近するのは相対速度がゼロの場合であり，エネルギー保存則と運動量保存則を用いて最接近距離d_2を求めよ．
(3) 上記の比d_2/d_1を求めよ．

 科学史コラム6：ファラデーの物理・化学実験
（1831年，1833年）

> マイケル・ファラデー（Michael Faraday, 1791-1867年，イギリスの物理・化学者）は最高の実験家の一人と評価されており，ファラデーの法則として，電磁気学での電磁誘導の法則（1831年）と電気化学での電気分解の法則（1833年）とがある．1861年出版の「ローソクの科学」の著者としても有名である．
> アレッサンドロ・ボルタ（Alessandro Anastasio Volta, 1745-1827年，イタリアの物理学者）が1800年に初めて電池を作り，電気化学の分野が開拓され，ハンフリー・デービー（Humphry Davy, 1778-1829年，イギリスの化学者）は溶融塩に電流を流しナトリウムやカリウムの生成に成功した．その助手であったファラデーは電流の化学作用について研究を行い，電気分解される物質量は流した電流に比例し（第一法則），1クーロンの電荷により析出する原子のグラム数は物質の種類によらず一定である（第2法則）という電気分解の法則を1833年に発見した．ファラデーの名前は，電磁気学ではSI単位系の電気容量（キャパシタンス）の単位「ファラッド（記号F）」として，また，電気化学では1モルの電子の電荷を「ファラデー定数」として残されている．

電磁気クイズ6の答　③ 半分になる
(解説) 接続前は，$W_0=(1/2)CV_0^2=(1/2)Q^2/C$，接続後は，電荷保存より左右ともに電荷は$Q/2$なので，$W_1=2\times(1/2)(Q/2)^2/C=(1/4)Q^2/C=W_0/2$.
(参考) キャパシターの半分のエネルギーは，大電流誘起による電磁波の発生や抵抗によるジュール熱として失われる．

第7章 電流と回路1
(電流とオームの法則)

キーポイント

7.1 電流 $I \equiv \dfrac{\Delta Q}{\Delta t} = envS$, 単位：A（アンペア），自由電子，電気力 eE と抵抗力 κv,

電気伝導率 $\sigma = \dfrac{ne^2}{\kappa} = \dfrac{1}{\rho}$, $j = \sigma E$, 電気抵抗率 $\rho = \dfrac{k}{ne^2} = \dfrac{1}{\sigma}$, $E = \rho j$

7.2 オームの法則 $V = RI$, 抵抗 $R = \rho\dfrac{L}{S}$, 単位：Ω（オーム）

温度係数 α, 電気抵抗率 $\rho = \rho_0(1 + \alpha(T - T_0))$, 単位：Ω·m（オーム・メータ）

7.3 直列合成抵抗 $R = R_1 + R_2$, 並列合成抵抗 $\dfrac{1}{R} = \dfrac{1}{R_1} + \dfrac{1}{R_2}$

7.1 電流と抵抗

(1) 電流

荷電粒子が連続的に移動するときの電荷の流れを**電流**（electric current）という．陽極から陰極への正の電荷の流れの向きを電流の正の方向とする．ある断面を電荷 ΔQ [C] が時間 Δt [s] の間に流れたとき，電流 I [A] は

$$I = \frac{\Delta Q}{\Delta t} \tag{7.1}$$

であり，電流の単位は**アンペア**（ampere, 記号は A）である．

物質には，電流が流れやすい**導体**（conductor）と流れない**絶縁体**（insulator）がある（2.3節参照）．金属導体では負電荷をもつ**自由電子**（free electron）が存在する．導体内での電流の実体は自由電子の流れであり，電流の流れの方向は電子の流れの方向と逆である（図7.1）．

導体では正イオンは動かないが，電解質溶液中や電離気体（プラズマ）中では電子のほかに正イオンや負イオンの流れが電流となる．

(2) 電気伝導率と電気抵抗率

導体に電圧を加えると電流が流れるが，導体の材質，断面積，長さにより，流れる電流の大きさは異なる．太さが一様な金属導体の断面積を S [m³]，長さを L [m] として，1個の電子は，電気量は $-e$ [C] で一定の速度 v [m/s] で動いているとする．時間 Δt [s] の間に $v\Delta t$ [m] だけ移動する．導体内の電子密度を n [m⁻³] として，ある断面を通過する電子は $nvS\Delta t$ 個であり，$-envS\Delta t$ [C] の電気量が流れる．これは電流を I [A] として，電気量 $-I\Delta t$ [C] に等しい．したがって，電流

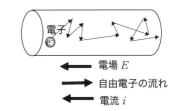

図7.1 電場 E が加えられた導体中の自由電子の動きと電流 i．
電子はほかの電子や原子と衝突しながら，全体として電場の向きと逆方向に動く．

電流 I
単位：A = C/s

I [A] と電流密度 j [A/m²] は

$$I = envS \tag{7.2}$$

$$j = \frac{I}{S} = env \tag{7.3}$$

である．

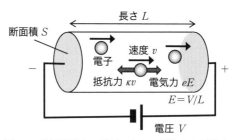

図7.2 金属導体中の電子に加わる電気力と抵抗力．

一方，導体の両端間に電圧 V [V] を加えた場合，電場 E は $E = V/L$ [V/m] であり，1個の電子に加わる力は $eE = eV/L$ [N] である（図7.2）．空気抵抗の場合には速度 v [m/s] に比例する抵抗力を受けるが，導体中の電子も導体のイオンや不純物イオンによる同様な抵抗力 κv [N]（κ は比例定数で単位は [Ns/m]）を受けるとすると電場による電気力と抵抗力がつり合って運動が決まる．すなわち $eE = \kappa v$ より速度は $v = eE/\kappa = eV/(\kappa L)$ となり，

$$I = \frac{ne^2}{\kappa} \frac{S}{L} V \tag{7.4}$$

$$j = \frac{ne^2}{\kappa} E \tag{7.5}$$

が得られる．これを書きかえると

$$I = \frac{V}{R}, \quad R = \frac{\kappa}{ne^2} \frac{L}{S} = \frac{\rho L}{S} = \frac{L}{\sigma S} \tag{7.6}$$

$$j = \sigma E, \quad \sigma = \frac{ne^2}{\kappa} = \frac{1}{\rho} \tag{7.7}$$

抵抗 R　単位：Ω

抵抗率 ρ　単位：$\Omega \cdot$m

であり，R は**電気抵抗**（electrical resistance）または単に**抵抗**と呼ばれ，単位は**オーム**（ohm, 記号は Ω）が用いられる．また，ρ [$\Omega \cdot$m] は**電気抵抗率**（electrical resistivity）あるいは単に抵抗率または比抵抗と呼ばれ，σ [Ω^{-1}m^{-1}] は**電気伝導率**（electrical conductivity）または電気伝導度，導電率とも呼ばれる（2.3節参照）．ρ と σ は導線の面積や長さに依存しない材質特有の値である．式 (7.6) の導入過程は，次節に説明するオームの法則のミクロ的な解釈に相当する．

例題7.1 長さ100 mで断面積 4.0 mm² の銅線とニクロム線の電気抵抗を求めよ．ただし，銅およびニクロムの電気伝導率はそれぞれ 5.8×

$10^7\,\Omega^{-1}\mathrm{m}^{-1}$, $1.0\times10^6\,\Omega^{-1}\mathrm{m}^{-1}$ である.
(答：銅線は $R=L/(\sigma S)=100/(5.8\times10^7\times4.0\times10^{-6})=0.43\,\Omega$, ニクロム線は $R=L/(\sigma S)=100/(1.0\times10^6\times4.0\times10^{-6})=25\,\Omega$)

7.2 オームの法則

導体の両端に電圧 V [V] を加えると，電圧に比例する電流 I [A] が流れる．これは 1826 年にオームにより発見された関係であり
$$V=RI \tag{7.8}$$
となる．これを**オームの法則**（Ohm's law）という（図 7.3）．ここで比例係数 R は前節に示したように**電気抵抗**と呼ばれ，単位は**オーム**（記号は Ω）が用いられる．ギリシャ文字のオメガ Ω が用いられるのは，人名の頭文字 O では数字のゼロとの区別が難しいからである．抵抗器（抵抗）の記号は図 7.4 が用いられる．

電圧と電流の関係は，高い所から管で水を流す場合の水圧と水流に似ている（図 7.5）．高所の高さが 2 倍になると水圧（電圧）は 2 倍となり，管の細さ（抵抗）が同じであれば，水流（電流）も倍増する．水圧と水流は比例関係となる．管の断面積を 2 倍にすると，抵抗が半分になり，水流（電流）は 2 倍になる．低い所の水を高い所にくみ上げるポンプの役割が，回路では電源としての電池に相当する．

導体の断面積を S [m²]，長さを L [m] とすると，抵抗 R [Ω] は L に比例して S に反比例する．
$$R=\rho\frac{L}{S} \tag{7.9}$$
ここで，比例定数 ρ [$\Omega\cdot$m] は**電気抵抗率**（electrical resistivity）または**抵抗率**あるいは**比抵抗**と呼ばれ，物質の種類と温度 T に依存する．基準温度 T_0 [K] からの変化として，近似的に
$$\rho=\rho_0(1+\alpha(T-T_0))$$
が成り立つ．ここで α [1/K] は**温度係数**（temperature coefficient）である．

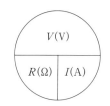

図 7.3 オームの法則の覚え方．
$V=RI$, $R=V/R$, $I=V/R$

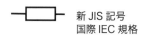

図 7.4 抵抗の記号．

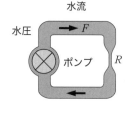

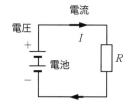

図 7.5 水路と電気回路の比較．

> **例題 7.2** 100 ppm/℃ の温度係数の抵抗がある．ここで 1 ppm（parts per million）とは 10^{-6} である．抵抗の温度が 20℃ から 80℃ に変化した場合，抵抗値の変化は何パーセント変化するか．
> （答：$\Delta\rho/\rho_0=\alpha(T-T_0)=10^{-4}\times60=6\times10^{-3}$, 0.6%）

7.3 抵抗の合成

(1) 直列合成抵抗

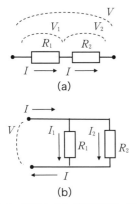

図 7.6 抵抗の (a) 直列接続と (b) 並列接続.

2つの抵抗 R_1, R_2 を直列につないだ場合（図 7.6 (a)）には，流れる電流 I を一定とすると，抵抗 R_1 での電圧の低下は $V_1=R_1I$ であり，抵抗 R_2 での電圧の低下は $V_2=R_2I$ である．合計の電圧降下 V は $V_1+V_2=(R_1+R_2)I$ である．これより**直列抵抗**（series resistance）の合成抵抗 R は $RI=V$ より

$$R=R_1+R_2 \tag{7.10}$$

であるといえる．

> **例題 7.3a** $10\,\Omega$ と $40\,\Omega$ の抵抗を直列に接続して電源をつなぐと $2\,\mathrm{A}$ の電流が流れた．全抵抗 R と電源電圧 V を求めよ．
> （答：$R=10+40=50\,\Omega$, $V=RI=100\,\mathrm{V}$）

(2) 並列合成抵抗

一方，2つの抵抗 R_1, R_2 を並列につないだ場合（図 7.6 (b)）には，抵抗 R_1 に流れる電流は $I_1=V/R_1$ であり，抵抗 R_2 に流れる電流は $I_2=V/R_2$ なので，全電流 I は $I_1+I_2=(1/R_1+1/R_2)V$ である．これから**並列抵抗**（parallel resistance）の合成抵抗 R は $V/R=I$ より

$$\frac{1}{R}=\frac{1}{R_1}+\frac{1}{R_2} \tag{7.11a}$$

$$\therefore\ R=\frac{R_1R_2}{R_1+R_2} \tag{7.11b}$$

である．

> **例題 7.3b** $10\,\Omega$ と $40\,\Omega$ の抵抗を並列に接続して $100\,\mathrm{V}$ を印加した．全抵抗 R と全電流 I を求めよ．
> （答：$R=10\times40/(10+40)=8\,\Omega$, $I=V/R=12.5\,\mathrm{A}$）

 電磁気クイズ 7：導線内の電子の移動速度は？
（4 択問題）

> 家庭では $100\,\mathrm{V}$ で数 A の電流が導線を通じてコンセントから電気機器まで送られる．この場合，導線内の自由電子はどれだけの速さでコンセントから電気機器まで動いているか．
> ① $3\times10^8\,\mathrm{m/s}$（光速）
> ② $\sim10^4\,\mathrm{m/s}$（ロケット速度）
> ③ $\sim10\,\mathrm{m/s}$（100 m 走世界記録）
> ④ $\sim10^{-3}\,\mathrm{m/s}$（カタツムリの速度）

映画の中の電磁気 7：磁気嵐とタイムスリップ
（映画「オーロラの彼方に」）

科学空想映画の中で，美しい宇宙や自然の映像としてオーロラがたびたび登場する．米国映画「オーロラの彼方に」（2000 年，グレゴリー・ホブリット監督）もそのひとつで，ニューヨークでオーロラが見えた夕方に，主人公が古い通信機を見つけ，30 年前の父親と通信することから物語が発展する．

オーロラが発生するためには，太陽から放出される高エネルギー粒子（太陽風プラズマ）と地球磁場と大気の存在が必要である．木星や土星には発生するが，月や火星にはオーロラはできない．オーロラは，太陽風と磁場との相互作用で生み出されるプラズマが大気中で発光するカーテンであるが，磁北極はアメリカ方向に少しズレているので，ニューヨークでは 1 年に 10 回程度は見ることができるはずである．ちなみに，日本では北海道北部でオーロラの赤色の上部が 10 年に 1 度ほど見られる．

図　オーロラは磁場中のプラズマカーテン．

第 7 章　演習問題

7-1 導体の断面を 0.5 A の電流が 8.0 秒間流れた．この時間にどれだけの電荷が通過したか．また，何個の電子が流れたか．ただし，電子 1 個の電気量の絶対値 e は 1.6×10^{-19} C である．

7-2 断面積 $1.0\,\mathrm{mm}^2$ の銅線に 10 A の最大許容電流を流したとき，自由電子が銅線内を移動する平均速度は何 m/s か．ただし，電子 1 個の電気量の絶対値 e は 1.6×10^{-19} C であり，銅の単位体積あたりの自由電子数 n は $8.5 \times 10^{28}\,\mathrm{m}^{-3}$ とせよ．

（参考）銅線中の自由電子数

銅の原子番号は 29 で平均質量数 63.5 であり，N 殻（4 番目の殻）の電子は 1 個なので銅原子 1 個に自由電子 1 個がある．銅 1 mol ＝ 63.5 g 中には，原子の数 6.02×10^{23} 個（アボガドロ数）がある．一方，銅の密度は $8.94\,\mathrm{g/cm^3}$ であり，1 mol の体積は $63.5/8.94 = 7.10\,\mathrm{cm^3} = 7.10 \times 10^{-6}\,\mathrm{m^3}$ なので 1 $\mathrm{m^3}$ 中の電子数は $n = 6.02 \times 10^{23}/(7.10 \times 10^{-6}) = 8.48 \times 10^{28}\,\mathrm{m^{-3}}$ である．

7-3 銅の基準温度（0℃）での電気抵抗率が $1.55 \times 10^{-8}\,\Omega\cdot\mathrm{m}$ で温度係数 α が $4.4 \times 10^{-3}\,\mathrm{K}^{-1}$ として以下に答えよ．

(1) 25℃ での銅の抵抗率 ρ を求めよ．

(2) 断面積が $1.0\,\mathrm{mm}^2$ で長さが 20 m の銅線の 25℃ での電気抵抗 R を求めよ．

(3) この銅線に起電力 1.5 V の電池を接続したときに流れる電流値

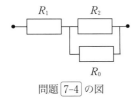

問題 7-4 の図

I を求めよ．ただし，電池の内部抵抗は無視できるものとする．

7-4 抵抗 R_1 [Ω] と R_2 [Ω] を直列に接続し，R_2 に並列に抵抗 R_0 [Ω] を接続し，全体に電圧 V [V] をかけた．全抵抗 R と全電流値 I を求めよ．また，抵抗 R_0 を流れる電流 I_0 を求めよ．

科学史コラム 7：トムソンの電子の発見（1897 年）

電流の向きは正の電荷の流れの向きであり，歴史的には 1752 年の雷の凧実験（科学史コラム 3）で有名なベンジャミン・フランクリンが定めたものであり，正の電荷が移動した箇所が負となると考えられていた．当時はまだ電子は発見されていなかったのである．実際には導線の中では自由電子が電流の向きとは逆方向に動いている．

電子は 1897 年に J. J. トムソン（Joseph John Thomson, 1856–1940 年，イギリスの物理学者）により発見された．真空放電管としてのクルックス管はイギリスの物理学者ウィリアム・クルックス（William Crookes, 1832-1919 年）により発明され，陰極線が発見されていたが，トムソンはこの陰極線が電場によって曲がることを発見し，電場と磁場で曲がる現象から陰極線の質量が水素原子の 1000 分の 1 以下の軽量であることを明確化した．トムソンはこの電子の発見で 1906 年にノーベル物理学賞を受賞している．

電磁気クイズ 7 の答　④　〜10^{-3} m/s（カタツムリの速度）
（解説）電流が瞬時に伝わるのは自由電子の直接的な移動によるものではなく，電場の伝播として電流が伝わる．これは「水鉄砲」の原理に相当する．ただし，水鉄砲の図のような直接的な衝突による移動ではなく，電場の伝播による移動である．

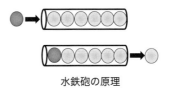

水鉄砲の原理

（参考：演習問題 7-2）

第8章 電流と回路2
(電力と回路)

キーポイント
8.1 電源の仕事率(電力)$P=VI$, 単位:W(ワット), ジュール熱 $P=RI^2=\dfrac{V^2}{R}$
8.2 電池の起電力 E, 内部抵抗 r, 端子電圧 $V=E-rI$
8.3 キルヒホッフの法則, 電流法則 $\sum_i I_i=0$ と電圧法則 $\sum_i V_i=0$

8.1 電力とジュール熱

(1) 仕事率

電源から電流 I [A] が Δt [s] の時間だけ流れた場合に, Q [C]$=I\Delta t$ の電荷が流れたことになる. 電源に電圧 V [V] がかかっていた場合には, 電源が Δt [s] の間にした**仕事**(work)は W [J]$=QV$ である. 単位時間あたりの仕事 P を**仕事率**, または**パワー**(power)といい, P [W]$=W/\Delta t$ と定義でき

$$P=VI \qquad (8.1)$$

である. 単位は**ワット**(watt, 記号は W)である. 電源による仕事率を**電力**(electric power)といい, 電源の仕事を**電力量**(electric energy)という. 特に, 1 kW の電力が 1 時間する仕事の実用単位としてキロワット時(kWh)が使われている.

$$1\,\text{kWh}=3.6\times10^6\,\text{J}$$

電力 $P=VI$
単位:W(ワット)

(2) ジュール熱

外部回路の抵抗が R [Ω] の場合には, オームの法則 $V=RI$ を用いて

$$P=VI=RI^2=\dfrac{V^2}{R} \qquad (8.2)$$

であり, 電源から外部回路に P [W] の仕事率が加えられたことになる. 抵抗に加えられた電力は熱となる. これを**ジュール熱**(Joule heat)という.

> **例題 8.1** 電気抵抗 600 Ω の導線の両端に, 起電力 12 V の鉛蓄電池を接続した. 電流の強さ I と電力(仕事率)P はいくらか. また, 電流を 1 分間流したとき, 導線を通過した電気量 Q と電力量(発熱量)W はいくらか.
> (答:オームの法則から $I=V/R=12/600=0.02$ A, $P=IV=0.02\times12=0.24$ W, $Q=I\Delta t=0.02\times60=1.2$ C, $W=P\Delta t=0.24\times60=14.4$ J)

8.2 電源と内部抵抗

電池とは化学反応や物理反応を利用してエネルギーを電力に直接変換する機器の総称である．電気を生み出すシステムとしての電池は1次電池と呼ばれ，電気を蓄える蓄電池は2次電池と呼ばれる．乾電池は化学反応を，太陽電池では物理反応としての半導体を用いて光から電気へのエネルギー変換を行う．

電池のもっている電圧 E [V] を**起電力**（electromotive force）といい，正極と負極の端子の間の電圧（端子間電圧）を V [V] とすると，電流が流れていない場合には $V=E$ であるが，一般的には $V<E$ となる．電池内部には図 8.1 のように内部抵抗 r [Ω] があると考えることができ，電流 I [A] が流れると rI [V] の電圧降下が起こり，端子間電圧は

$$V = E - rI \tag{8.3}$$

となる．内部抵抗ゼロの理想的な電源では，外部抵抗がゼロの場合には膨大な電流が流れることになるが，実際には内部抵抗により，E/r [A] が可能な最大電流値となる．

電池に限らず，通常の安定化電源の場合でも同様な内部抵抗（出力インピーダンス）を考えることができる．

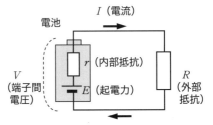

図 8.1 電池の起電力と内部抵抗．

> **例題 8.2** 起電力 1.5 V で内部抵抗が 0.40 Ω の乾電池がある．この電池の端子間に 5.60 Ω の抵抗を接続した．抵抗に流れる電流と端子間電圧を求めよ．
> （答：全抵抗は 6.00 Ω なので電流は 1.5/6.00 = 0.25 A，端子間電圧は 1.5 − 0.4 × 0.25 = 1.4 V）

8.3 キルヒホッフの法則

多数の抵抗や電源が含まれる複雑な電気回路の計算には，電荷保存の法則とオームの法則とを一般化した法則として**キルヒホッフの法則**（Kirchhoff's Law）が用いられる（図 8.2）．

(1) 第1法則（電流法則）

「回路網の任意の1点に流れ込む電流の総和は，流れ出す電流の総和に等しい」がキルヒホッフの第1法則であり，**キルヒホッフの電流法則**（Kirchhoff's current law）とも呼ばれる．流れ込む電流を正（または負），流れ出る電流を負（または正）として

$$\sum_i I_i = 0 \tag{8.4}$$

と書ける（図8.2(a)）．

(2) 第2法則（電圧法則）

「回路網中の任意の閉じた1経路に沿って1周したとき，起電力の総和は電圧降下の総和に等しい」がキルヒホッフの第2法則であり，**キルヒホッフの電圧法則**（Kirchhoff's voltage law）とも呼ばれる．閉じたループでの電圧の向きを一方向に選ぶと

$$\sum_i V_i = 0 \tag{8.5}$$

となる（図8.2(b)）．

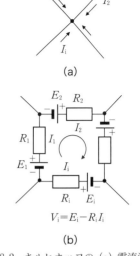

図8.2 キルヒホッフの(a)電流法則と(b)電圧法則．

> **例題 8.3** 回路のある点Aに4本の導線が接続されている．2本には3A，5Aの電流が流れ込み，他の1本には15Aの電流が流れ出している．もう一本の導線の電流はどうか．
> （答：7Aの電流が流れ込んでいる）

 電磁気クイズ8：電池の合成電圧は？（4択問題）

1.5Vの乾電池3個を図のように接続した．AB間の電圧はいくらになるか？

① 3V
② 2.25V（半分の電圧）
③ 2V
④ 1.5V

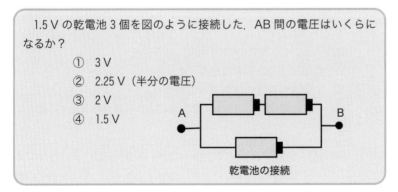

乾電池の接続

映画の中の電磁気8：電気の科学と魔法
（映画「オズ はじまりの戦い」）

図 オズの魔法使いと電磁気の奇術．

「オズの魔法使い」は，主人公の女の子ドロシーが愛犬トトと一緒に，カカシ，ライオン，ブリキ人形をともなって各自の夢を叶えるために魔法の国へ旅する児童文学（1900年出版）であり，「不思議の国のアリス」（ルイス・キャロル著 1865年）の影響を強く受けたと考えられている．自分の願いは自分の力で叶えることができることが物語では語られている．

ファンタジー映画「オズ はじまりの戦い」（米国，2013年，サム・ライミ監督）ではオズの魔法使いの前日譚が語られており，戸惑う若き日のオズが登場する．本当は奇術を使うペテン師であったが，本物の魔術師とまちがえられてしまい，光や火，電気を用いたマジックを作り出して奮闘する．幻灯機の利用もそのひとつであり，電気は魔術として有効に利用されていく．

第8章 演習問題

8-1 100 V–2 kW の電熱器がある．
(1) 100 V 電源に接続すると，電流はどれだけ流れるか．
(2) 抵抗はどれだけか．
(3) 90 V 電源に接続すると，消費電力はどれだけか．ただし，抵抗の温度変化はないものと仮定する．
(4) この電熱器を 100 V で 2 時間用いた場合には，電気料金が 25 円/kWh（キロワット×時間ごとに 25 円）として料金はいくらか．

8-2 本文中の図 8.1 のように，外部負荷抵抗 R [Ω] を起電力 E [V] で内部抵抗 r [Ω] を有する電源に接続した回路を考える．
(1) 負荷抵抗 R を流れる電流 I を求めよ．
(2) 負荷抵抗 R での消費電力 P を求めよ．
(3) 上記の消費電力 P を最大にするための外部抵抗 R [Ω] の値を求めよ．

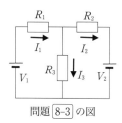

問題 8-3 の図

8-3 図の抵抗と電源の回路において，$R_1=1\,\Omega$, $R_2=2\,\Omega$, $R_3=3\,\Omega$ であり，$V_1=44\,\text{V}$, $V_2=55\,\text{V}$ のとき，抵抗 R_1, R_2, R_3 を流れる各々の電流 I_1, I_2, I_3 を求めよ．

8-4 図のような抵抗 R_1, R_2, R_3, R_4 からなる回路に電池 V_0 および抵抗 R をつないだ（この回路はホィートストン・ブリッジと呼ばれる）．
(1) R を流れる電流 I を求めよ．
(2) R に電流が流れないための R_1, R_2, R_3, R_4 の条件を求めよ．

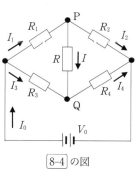

8-4 の図

科学史コラム 8：圧電効果の発見（1880 年）と ER, MR 流体

摩擦のかわりに圧力を加えても電気分極により正負の電気が生じる．水晶に圧力を加えると，その力に比例して電気分極が生じ，電圧が発生する．これは圧電効果やピエゾ効果と呼ばれ，1880 年に弟ピエールキュリー（Pierre Curie, 1858-1906 年，フランス，マリー・キュリーの夫）と兄ジャック・キュリー（Paul-Jacques Curie, 1856-1941 年，フランスの物理学者）の兄弟により発見された．

温度変化による焦電効果と呼ばれる電気分極もあり，電気石（トルマリン）で起こる．また，ロッシェル塩，チタン酸バリウム，PZT（チタン酸ジルコン酸鉛）などの強誘電体には圧電効果や焦電効果がある．ライターの自動点火器では PZT による圧電効果が利用されている．

一方，逆に電圧を加えると機械的応力が生じるので，一定周期で規則的に振動する水晶振動子を用いてクォーツ時計が作られている．電場や磁場を加えると固まる流体もあり，電気粘性（ER）流体，および，磁気粘性（MR）流体と呼ばれる機能性流体として開発が進められている．

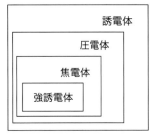

科学史コラム 8 の図

電磁気クイズ 8 の答　③

（解説）電池の電圧 V は起電力 $E=1.5\,\mathrm{V}$ と内部抵抗 r で構成されている．上方の電池は起電力 $2E$，内部抵抗 $2r$，下方は起電力 E，抵抗 r である．電流を I として閉じた時計回りの回路を考えると，$2E-2rI-E-rI=0$．

∴　$I=E/(3r)$．AB 間の電圧 V_{AB} は $V_{\mathrm{AB}}=2E-2rI$ または $V_{\mathrm{AB}}=E+rI$ であり $V_{\mathrm{AB}}=4E/3=2\,\mathrm{V}$．

（留意点）このような接続はしないこと．

第 9 章　磁場と電流 1
（磁石と電流の作る磁場）

キーポイント

9.1　磁荷（磁気量），クーロンの法則 $F = k_m \dfrac{m_1 m_2}{r^2} = \dfrac{1}{\mu_0^2} \dfrac{m_1 m_2}{r^2}$,

磁場の強さ（磁界強度）$\boldsymbol{H} \equiv \dfrac{\boldsymbol{F}}{m}$，単位：A/m または N/Wb

9.2　磁荷，磁化ベクトル $\boldsymbol{M}$，磁束密度 $\boldsymbol{B} = \mu_0 \boldsymbol{H} + \boldsymbol{M}$，常磁性，反磁性，強磁性

9.3　直線電流による磁場 $B = \dfrac{\mu_0 I}{2\pi r}$，ソレノイドコイルによる磁場 $B = \mu_0 n I$，

ビオ・サバールの法則 $\mathrm{d}\boldsymbol{B} = \dfrac{\mu_0}{4\pi} \dfrac{I \mathrm{d}\boldsymbol{s} \times \boldsymbol{r}}{r^3}$

9.1　磁石と磁力線，磁束密度

磁石には鉄片などを引き付ける働きがある．これを**磁気力**（magnetic force）という．自由に回転できる棒磁石が北を向く**磁極**（magnetic pole）を N 極（または正極），南を向く極を S 極（または負極）という．磁極は電荷の正・負と異なり，磁石を分割しても N 極だけの磁石を作ることができない（図 9.1）．しかし，**磁荷**あるいは**磁気量**（magnetic charge）を m_1, m_2 とすると，電気力と同じように磁気力 F [N] を定義することができ，磁気に関するクーロンの法則が成り立つ（図 9.2）．

図 9.1　磁石の分割と NS 磁極．

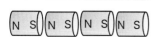

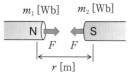

$(m_1 > 0,\ m_2 < 0)$

図 9.2　磁気に関するクーロンの法則．
$F = k_m \dfrac{m_1 m_2}{r^2}$

$$F = k_m \dfrac{m_1 m_2}{r^2} \tag{9.1}$$

ここで，磁気量の単位は**ウェーバー**（weber，記号は Wb）が使われ，N 極の磁気量を正，S 極の磁気量を負としている．比例定数は真空中では

$$k_m = 1/\mu_0^2 = (10^7/(4\pi))^2 = 6.33 \times 10^4\ \mathrm{N \cdot m^2/Wb^2}$$

である．ここで $\mu_0 = 4\pi \times 10^{-7}\ \mathrm{T \cdot m/A}$ は**真空の透磁率**（vacuum permeability）といい，電流の基本単位としてのアンペアを定義するときに用いられる人為的定数である．

電荷 q [C] に働く静電気力 $\boldsymbol{F}$ [N] から電場 $\boldsymbol{E}$ [V/m] を $\boldsymbol{E} = \boldsymbol{F}/q$ として定義した．単位は N/C または V/m である．同様に，磁場ベクトル $\boldsymbol{H}$ を磁気量 m [Wb] と静磁気力 $\boldsymbol{F}$ [N] から定義する．

$$\boldsymbol{H} = \dfrac{\boldsymbol{F}}{m} \tag{9.2}$$

磁荷（磁気量）m
単位：Wb または V·s

磁場の強さ（磁界強度）$\boldsymbol{H}$
単位：A/m または N/Wb

磁気力が作用する空間を**磁場**または**磁界**（magnetic field）という．物理分野では主に「磁場」が使われるが，工学分野では「磁界」と呼ぶ

場合もある．**磁場の強さ（磁界強度）**(magnetic field strength) H の単位は**ニュートン毎ウェーバー**（記号は N/Wb），あるいは**アンペア毎メートル**（記号は A/m）である．電気力線の定義と同様に，**磁力線** (magnetic fore line) を描くことができる（図9.3）．

磁場ベクトルとしては，磁界強度 H が磁荷や磁石の解析に用いられるが，実際には磁荷を単独で取り出すことはできないので，式 (9.2) は概念的な式である．MKSA 単位系では電荷の運動や電流により磁場の大きさが定められており，より基本的な量と考えられている磁束密度 B（次節以降に記述）が用いられる場合が多い．電場と磁場の相補性から，電荷および電流（電荷の流れ）に加わる力から定義された電場の強さ E および磁束密度 B を用いて電磁気解析が行われる場合が多い．

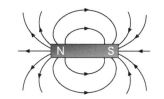

図9.3 磁石のまわりの磁力線分布．

> **例題 9.1** 磁場中に細長い磁石を置いた．磁石の N 極の磁気量が 10 μWb の場合，その極に 0.2 N の力が加わった．磁場の強さ H はいくらか．
> （答：$H=F/m=0.2/10^{-5}=2\times 10^4$ N/Wb または 2×10^4 A/m）

9.2 磁化と磁性体

物質を磁場中に置くと，ばらばらであった物質内部の磁気モーメントの一部が揃い，磁気モーメントの和が大きくなる．これを**磁化** (magnetization) または**磁気分極** (magnetic polarization) という．

静電気に関して，電界の強さと電束密度との関係を電気分極ベクトル P を用いて $D=\varepsilon_0 E+P$ とした．同様に，磁化ベクトル M を用いて**磁束密度** (magnetic flux density) を

$$B=\mu_0 H+M \tag{9.3}$$

と表す．

磁化ベクトル M は磁界強度ベクトル H に比例し，

$$M=\chi H \tag{9.4}$$

であり，この比例係数 χ は**磁化率** (magnetic susceptibility) または**磁気感受率**という．B と H との関係は，比透磁率 μ_r を用いて

$$B=\mu_0(1+\chi)H=\mu_0\mu_r H \tag{9.5}$$

である．

物質は電荷をもった原子核と電子から構成されているが，これら荷電粒子は自転（スピン）しており，磁場をかけることでスピンの軸の方向が変化する．透磁率でその違いを記述でき，常磁性体，反磁性体，強磁性体に分類することができる（図9.5）．

磁場がない場合には物質を構成する原子のスピンはばらばらである

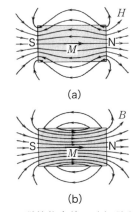

図9.4 磁性体内外の (a) 磁力線と (b) 磁束線．
磁石の外部では，磁力線と磁束線は一致する．

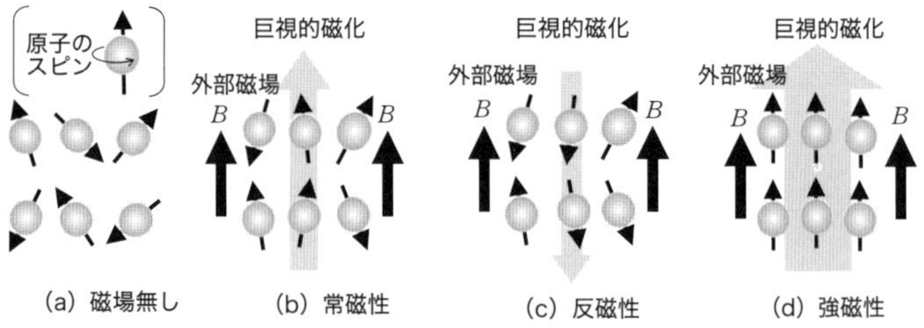

図9.5 物質の磁化の性質．

が，磁場を印加すると，一部の原子のスピンの方向が揃い，物質の磁化により物質の内部の磁束密度が $(1+\chi)$ 倍に変化する．$|\chi|\ll 1$ で $\chi>0$ の場合が常磁性体であり，$|\chi|\ll 1$ で $\chi>0$ の場合が反磁性体である．$|\chi|\gg 1$ でほとんどの原子のスピンの方向が揃い，物質内部の磁束密度が大きくなる場合が強磁性体であり，外部磁場がなくても磁気モーメントを有し，鉄，コバルト，ニッケルなどの物質がそれに相当する．

> **例題 9.2** 内部の磁束密度が 300 μT である中空のソレノイドコイルがある．このソレノイドコイル内に比透磁率 200 の鉄心材料を挿入すると，磁束密度はどれだけになるか．
> （答：$B=\mu_r(\mu_0 H)=60\,\mathrm{mT}$）

9.3 電流の作る磁場

(1) エルステッドの法則（電流の磁気作用）

電荷と磁石とは互いに力を及ぼさないが，図9.6の実験により，電荷が動くと（電流が流れると）そこに磁場が発生することをエルステッド（デンマーク）が1820年に発見し，電場と磁場の学問的統一の契機となった．

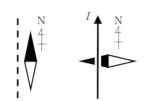

図9.6 エルステッドの実験．電荷の流れ（電流）により，磁針が垂直に振れる．

(2) 直線電流の作る磁場

1820年に，フランスのアンペールにより電流と磁場との関係が明らかにされた．電流を流すと，電流の方向を右ネジの進む方向として，右ネジの回る向きに磁場が生じる．電流のまわりの電界強度 H，あるいは磁束密度 B は，電流からの距離が大きくなるほど，弱くなる．無限長の直線コイルの場合には，電流からの距離を r [m] として磁場の強さ H は

$$H=\frac{I}{2\pi r} \tag{9.6}$$

または，磁束密度 B は

$$B = \frac{\mu_0 I}{2\pi r} \tag{9.7}$$

である（図9.7）．これを**アンペールの法則**（Ampère's law）という．ここで，**磁束密度**（magnetic flux density）B の単位は**テスラ**（tesla, 記号は T）または，**ウェーバー毎平方メートル**（記号 Wb/m²）である．$\mu_0 = 4\pi \times 10^{-7}$ T·m/A は真空の透磁率であり，A（アンペア）を定義するときの人為的定数である．真空中では $B = \mu_0 H$ である．

$$1 \text{ A/m} = 1 \text{ N/Wb}$$
$$1 \text{ T} = 1 \text{ Wb/m}^2$$

直線電流のまわりの磁場の強さ H および磁束密度 B は，各々式 (9.6), (9.7) より

$$H \text{ [A/m]} = 0.159 \frac{I \text{ [A]}}{r \text{ [m]}}$$

$$B \text{ [T]} = 2 \times 10^{-7} \frac{I \text{ [A]}}{r \text{ [m]}}$$

で計算できる．

磁場（の強さ）というときには磁束密度 B を指すことも多いが，電場に関する電場の強さ E と電束密度 D との対比で，電荷に関連する磁場の強さ H と電荷の流れ（電流）に関連する磁束密度 B が定義される．真空中（空気中）での電磁場を考える場合には，E と B とを用いるのが一般的である．

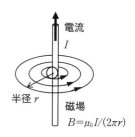

図9.7 直線電流の作る磁場（右ネジの方向に磁場が生成される）．半径 r での磁束密度は $B = \mu_0 I/(2\pi r)$．

磁束密度 B
単位：T または Wb/m²

> **例題 9.3a** 距離 2 m だけ離れた平行な 2 本の長い導線がある．両方に同じ方向に同じ強さの電流 1 A を流したときの，2 本の導線の中間の空間での磁場（磁束密度）は何 T か．逆方向に電流 I を流した場合はどうか．
> （答：同方向電流の場合には磁束密度 B は $B = 0$ T．逆方向電流の場合には $B = 2 \times 2 \times 10^{-7} \times 1/1 = 4 \times 10^{-7}$ T）

(3) 円形コイルの作る磁場

1回巻きの円形コイルに電流を流すと，生じる磁場の大きさと向きは場所により異なり複雑である．しかし，円形コイルの中心の磁場は，コイルを含む面に垂直であり，電流の強さを I [A] として，半径 r [m] の円形コイルの中心での磁束密度 B [T] は

$$B = \mu_0 I/(2r) = 2\pi \times 10^{-7} \frac{I \text{ [A]}}{r \text{ [m]}} \tag{9.8}$$

である（図9.8）．ここで，真空の透磁率 $\mu_0 = 4\pi \times 10^{-7}$ T·m/A を用いた．

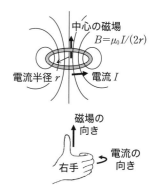

図9.8 円環電流の作る磁場．中心磁場の磁束密度は $B = \mu_0 I/(2\pi r)$．

(4) ソレノイドコイルの作る磁場

空心の長いソレノイドコイルの場合（図9.9）には，1mあたりの巻き数を n [回/m]，コイル電流を I [A] とするとコイル内部の磁束密度 B [T] は

$$B = \mu_0 n I \tag{9.10}$$

であり，

$$B\,[\mathrm{T}] = 4\pi \times (10^{-7} n\,[m^{-1}] I\,[\mathrm{A}])$$

である．

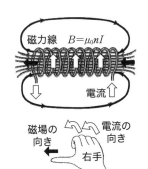

図9.9 ソレノイドコイルの作る磁場（コイル内の磁場は強くて一様で，外側では弱い）．
内部の磁場は1mあたりの巻き数を n として $B=\mu_0 n I$．

(5) ビオ・サバールの法則

直線コイルや円形コイルと異なり，任意の形状のコイル電流による磁場は，コイルの微小部分からの寄与がわかれば，それらの重ね合わせで計算できる．

電流 I [A] の流れている導線の微小距離 ds である部分 AA′（電流素片といい $I\mathrm{d}s$ と書く）が，距離 r [m] だけ離れた点Pに作る磁場 dB [T] は，1820年にフランスのビオとサバールにより見出された法則であり，

$$\mathrm{d}\boldsymbol{B} = \frac{\mu_0}{4\pi} \frac{I\mathrm{d}\boldsymbol{s} \times \boldsymbol{r}}{r^3} \tag{5.12}$$

あるいは，

$$\mathrm{d}\boldsymbol{B} = \frac{\mu_0}{4\pi} \frac{I\mathrm{d}s \sin\theta}{r^2} \tag{5.13}$$

で表される（図9.10）．これを**ビオ・サバールの法則**（Biot-Savart law）という．ここで，θ は AA′ の ds 方向と r の方向とのなす角である．dB の方向は点Pと $I\mathrm{d}s$ とで決まる平面に垂直で，その向きは右ネジの法則で決まる．

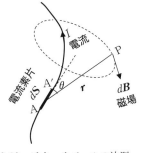

図9.10 ビオ・サバールの法則．
電流素片 AA′ が作る点Pでの磁場．
$\mathrm{d}\boldsymbol{B} = \frac{\mu_0}{4\pi} \frac{I\mathrm{d}\boldsymbol{s} \times \boldsymbol{r}}{r^3}$

> **例題9.3b** 半径 r，電流 I の円形コイルによる中心の磁場（磁束密度）の式 $B = \frac{\mu_0 I}{2r}$ をビオ・サバールの法則から導き出せ．
> （答：$\mathrm{d}s = r\mathrm{d}\theta$, $\mathrm{d}B = \frac{\mu_0}{4\pi} \frac{I\mathrm{d}s}{r^2}$, $B = \int \mathrm{d}B = \int_0^{2\pi} \frac{\mu_0}{4\pi} \frac{I(r\mathrm{d}\theta)}{r^2} = \frac{\mu_0 I}{2r}$）

 電磁気クイズ9：中空ボールの球磁石は？（3択問題）

> サッカーボールは切頭20面体（5角形の黒12面，6角形の白20面）であるが，くさび型の棒磁石でサッカーボール型の中空ボールを作った．すべて外側にN極を配置した場合，外の磁場はどうなるのか？
> ① 一方の極（N極）だけとなる．

② 棒磁石のように，南極と北極をもつようになる．
③ 磁石としての効果はない．

 映画の中の電磁気 9：磁場エネルギー利用のガウス加速器（映画「容疑者 X の献身」）

ガリレオシリーズの映画「容疑者 X の献身」（監督：西田弘）は，東野圭吾原作の 2005 年出版の推理小説を映画化した作品であり，2008 年に公開された．天才物理学者としての湯川准教授（俳優：福山雅治）が，友人である天才数学者石上との対決を通じて事件を解明していく物語である．映画の最初には湯川准教授がガウス加速器の原理を説明して，帝都大学にて超電導磁石を用いた大規模実験の様子が映し出される．磁場のエネルギーを利用した加速器である（電磁気クイズ 10）．

ガリレオシリーズの映画やテレビドラマでは，さまざまな物理現象が取り扱われている．レーザー光線と自然発火，蜃気楼での光の屈折と幽体離脱，建物の共鳴周波数と地震とポルターガイスト，ER 液体と自殺偽装など，最新の物理や電磁気・電磁波の科学が謎解きとして登場する．

図 天才物理学者による電磁気実験．

第 9 章　演習問題

9-1 長い導線に電流が流れている．導体から 10 cm の場所では磁束密度 B は 1 mT（$=10^{-3}$ T（テスラ）$=10$ G（ガウス））であった．この導線に流れている電流 I はどれだけか．また，この場所での磁界強度 H は何 A/m（または N/Wb）に相当するか．

9-2 無限長の直線電流 I から距離 R の場所，点 P での磁場 B が $B = \mu_0 I/(2\pi R)$ であることを，ビオ・サバールの法則を用いて，以下のように証明せよ．ここで，直線電流上に z 軸をとり円柱座標 (r, θ, z) を考え，点 P を $(R, 0, 0)$ とする．
   (1) 点 Q$(0, 0, z)$ の小電流素片 dz により点 P に生じる磁場 dB を求めよ．
   (2) z に関して $-\infty$ から $+\infty$ まで積分して磁場（磁束密度）B を求めよ．

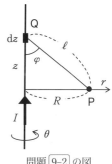

問題 9-2 の図

9-3 半径 R，電流 I の円形コイルによる中心軸上の高さ z の場所での点 P$(0, 0, z)$ での磁束密度の式を以下のように示せ．ここで，図のよう

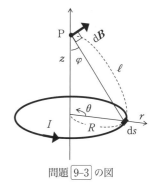

問題 9-3 の図

な円柱座標 (r, θ, z) を用いる.
(1) 円形コイルの $(R, 0, 0)$ の電流素片 $ds = Rd\theta$ による点 $P(0, 0, z)$ での磁束密度ベクトル dB の z 成分 dB_z を求めよ.
(2) 円形コイル全体からの点 P での磁束密度 B は, 上記 (1) の dB_z から $B = \dfrac{\mu_0 I R^2}{2(z^2 + R^2)^{3/2}}$ となることを示せ.

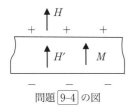

問題 9-4 の図

9-4 磁化率 χ の鉄板に垂直に磁場 H を加えるとき, 磁化はどれだけか. また, その場合の鉄板の外の磁場強さ H および磁束密度 B と, 鉄板の内の磁場強さ H' および磁束密度 B' とを比較せよ.

科学史コラム 9：ギルバートの地磁気実験（1600 年）

地球環境は地磁気のおかげで太陽からの高速粒子の流れ（太陽風）や宇宙線の脅威から守られてきた. 地球に磁場が生成されなかったならば, 大気も水も存在できず, 生命の誕生・生育もなかったと考えられている.

地球が磁石であることを示したのはウイリアム・ギルバート（William Gilbert, 1544-1603 年, 英国の医師で物理学者）である. 大航海時代には磁気コンパスは必須であった. ギルバートは 1600 年に著書「磁石論」において, 球形磁鉄鋼の磁石で地磁気の方向を再現できることを示しており（図1），「磁気学の父」と呼ばれている.

ある場所での地磁気はその強さと, 方向としての伏角（水平面とのなす角）と偏角（地理上の北の方向となす角）により定義される. 赤道付近では地磁気は地表面と平行であり, 高緯度付近では伏角が大きくなる. これは地球を磁気双極子としての棒磁石で近似すればよい. 地磁気により方位磁針の N 極が北を向くので, 地球は逆に北極に S 極で南極に N 極がある大きな棒磁石であると考えられた（図2）. この地磁気を地球内部のみに磁場の源があるとして, 磁気ポテンシャル V を用いて $\boldsymbol{B} = -\nabla V$, $\nabla \cdot \nabla V = 0$ の解としての球面調和関数を用いて地磁気の詳細な解析を行ったのはカール・フリードリヒ・ガウス（Carolus Fridericus Gauss, 1777-1855 年, ドイツの数学者・天文学者・物理学者）である. 球調和関数の解から, 地磁気の 99% が地球内部からであることを明確化した. 現在では, 地球外の寄与として電離層での電流が地磁気に影響しており, 磁場をともなった太陽風による影響も無視できないことが明らかとなっている.

実際には地球の内部は高温であり, 図2のような永久磁石説は成り立たない. 電磁流体によるダイナモ効果による地磁気の生成・維持のアイデアが必要となる（科学史コラム 10）.

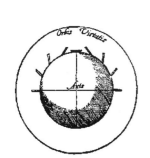

図1 ギルバートの地磁気模型. 水平軸に N 極と S 極がある球形磁石である.

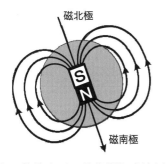

図2 棒磁石による地球磁場の概念図.

電磁気クイズ 9 の答 ③
（解説）プラスとマイナスの電荷を有する無限の平行平板のキャパシタ

ーを考えると，電極間だけに電場が生成されることがわかる．これを同
心球のように曲げたと考え，電場生成のプラス・マイナス電荷を，磁場
発生のN極・S極の磁石に置き換えて考えると，球の中心部分や外側に
は電場や磁場は生成されないことがわかる．

（参考）モノポールと反物質
　電荷と異なり，クイズ解答の①のような単極の磁石としての磁気単極
子（モノポール）は存在しない．その電場と磁場との性質の違いはマッ
クスウェルの式（14章参照）にも表されている．モノポールが存在する
ためには，マックスウェルの方程式が，電場と磁場が対称性をもつ以下
の式になる．

$$\nabla \cdot \boldsymbol{D} = \rho_e$$
$$\nabla \times \boldsymbol{E} = -\boldsymbol{j}_\mathrm{m} - \frac{\partial}{\partial t}\boldsymbol{B}$$
$$\nabla \cdot \boldsymbol{B} = \rho_\mathrm{m}$$
$$\nabla \times \boldsymbol{H} = \boldsymbol{j} + \frac{\partial}{\partial t}\boldsymbol{D}$$

　これは反物質理論で有名なディラクにより考えられた仮想的な方程式
であるが，j_m，ρ_mは実際には単独では存在しない．単一の磁荷をもつモ
ノポールの素粒子は宇宙創成時に生成されたと考えられており，現在も
観測が試みられている．

第10章 磁場と電流2
(アンペールの法則とローレンツ力)

キーポイント
10.1 アンペールの法則 $\oint \boldsymbol{B} \cdot d\boldsymbol{s} = \mu_0 I$, 直線コイルと周回磁場の例 $2\pi rB = \mu_0 I$
10.2 磁場中の電流に加わる力 $\boldsymbol{F} = (I\boldsymbol{L}) \times \boldsymbol{B}$, $F = IBL\sin\theta$, フレミングの左手の法則
10.3 ローレンツ力 $\boldsymbol{F} = q(\boldsymbol{E} + \boldsymbol{v} \times \boldsymbol{B})$

10.1 アンペールの法則

9.3節 (2) 項で示したように, 無限に長い直線導線に電流 I [A] を流した場合には, 半径 r [m] の場所では同心円の右回りの磁場 (磁場 B は一定) ができる. この場合には, 周長 $2\pi r$ と磁束密度 B [T] との積が, この円を通る電流 I と透磁率 μ_0 との積に等しく

$$2\pi rB = \mu_0 I \tag{10.1}$$

である.

より一般的には閉曲線 C (図 10.1) に関して微小距離 $\Delta \boldsymbol{s}$ とその場所での磁束密度 $\boldsymbol{B}$ との積 (ベクトルの内積) の総和が閉曲線 C を貫く全電流値 I と透磁率 μ_0 との積に等しいことがいえる.

$$\sum_C \boldsymbol{B} \cdot \Delta \boldsymbol{s} = \mu_0 I \tag{10.2}$$

これを周回積分を用いて

$$\oint \boldsymbol{B} \cdot d\boldsymbol{s} = \mu_0 I \tag{10.3}$$

と書ける. この関係式が**アンペールの法則** (Ampere's law) である.

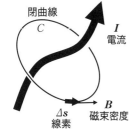

図 10.1 アンペールの法則.
$\sum_C \boldsymbol{B} \cdot \Delta \boldsymbol{s} = \mu_0 I$

例題 10.1 1 m あたりの巻き数が n [回/m] の空心の長いソレノイドコイルに I [A] の電流を流すとコイル内部の磁束密度 B [T] は $B = \mu_0 nI$ であることを, アンペールの法則から示せ.
(答:長さ ℓ [m] でソレノイド内外の磁場経路 C を考える. C 内の全電流は ℓnI [A] であり, 磁場 B は内部だけなので経路積分は $B\ell$ である. したがって, アンペールの法則から $B\ell = \mu_0 \ell nI$ であり, $B = \mu_0 nI$ が得られる)

10.2 電流に働く磁気力

(1) 電流が磁場から受ける力

一様な磁場中での電流を有する導線にかかる電磁力の大きさ F [N]

は，磁場の磁束密度 B [T] と電流の大きさ I [A] の積に比例し，磁場中の導体の長さ L [m] に比例する．図 10.2 (a) のように，電流の向きと磁場の向きとが直交する場合には，

$$F = IBL \text{ [N]} \tag{10.4}$$

である．人差し指の向きを磁場 $\boldsymbol{B}$ の向き，中指を電流 $\boldsymbol{I}$ の向きとすると，力 $\boldsymbol{F}$ の向きは親指の方向である（図 10.2 (b)）．これは**フレミングの左手の法則**（Fleming's left hand rule）と呼ばれる．これは親指から「$\boldsymbol{F} \cdot \boldsymbol{B} \cdot \boldsymbol{I}$」，あるいは，中指から「電・磁・力」と暗記し，$\boldsymbol{F}$ の向きを求めればよい．

この磁場による力は，一様磁場と電流による同心円磁場との合成で下方の磁場が強くなり，磁気圧により上方に押されると考えることもできる（図 10.3）．

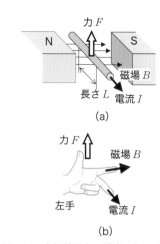

図 10.2 (a) 磁場中の電流に加わる力 $F = IBL$ と，(b) 力 $\boldsymbol{F}$ の向きを求めるためのフレミングの左手の法則．

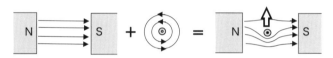

図 10.3 合成された磁力線の構造．

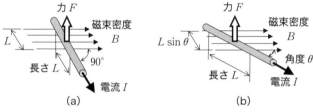

図 10.4 一様磁場中の電流導体にかかる力．
(a) 磁場と電流が直交している場合 $F = IBL$，
(b) 磁場と電流との角度が θ の場合 $F = IBL \sin \theta$．

図 10.4 のように電流と磁場とが θ [rad] の角をなしているときには，導体に働く力 F [N] は次式となる．

$$F = IBL \sin \theta \tag{10.5}$$

より一般的に，ベクトルの外積を用いて

$$\boldsymbol{F} = (I\boldsymbol{L}) \times \boldsymbol{B} \tag{10.6}$$

と書ける．

(2) 平行電流間に働く力と電流の単位

2 本の平行に置かれた電流は，磁石のように互いに引き合うことが知られている．導体 A の電流 I_A [A] により，距離 r [m] だけ離れた導体 B 上に生じる磁束密度 $B_{B \leftarrow A}$ [T] は，次のようになる．

$$B_{B \leftarrow A} = \frac{\mu_0 I_A}{2 \pi r}$$

したがって，電流 I_B [A] が流れている導体 B の 1 m あたりに働く力

の大きさ f_B [N/m] は式 (10.4) で F/L として
$$f_B = B_{B \leftarrow A} I_B = \frac{\mu_0 I_A I_B}{2\pi r} \tag{10.7}$$
である．同様に，導体 A に働く単位長さあたりの力 f_A [N/m] も上式 (10.7) と同じ大きさになる．平行導体に流れる電流間に働く単位長さの電磁力は，各々の電流の積に比例し，距離に反比例することになる．

もともと，電流の基本単位**アンペア** (ampere, 記号は A) は「真空中に 1 m の間隔で平行に置かれた無限に小さい円形断面を有する無限長の 2 本の直線状導体のそれぞれを流れ，これらの導体の 1 m につき 2×10^{-7} N の力を及ぼし合う直流の電流」と定義されている（図 10.5）．このアンペアの定義から真空の透磁率 μ_0 は
$$\mu_0 = 4\pi \times 10^{-7} \text{ T·m/A}$$
のように定義されている．

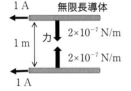

図 10.5 平行電流間の力からの基本単位アンペアの定義．

例題 10.2 0.5 T の一様磁場中で，磁場に垂直な導線に 5 A の電流を流すと，長さ 1 m の導線にはどれだけの力がかかるか．
（答：$F = IBL = 5 \times 0.5 \times 1 = 2.5$ N）

10.3 ローレンツ力

電荷 q [C] をもつ荷電粒子が電場 $\boldsymbol{E}$ [V/m] の中で受ける力 $\boldsymbol{F}$ [N] は
$$\boldsymbol{F} = q\boldsymbol{E} \tag{10.8}$$
であった．これは電場 $\boldsymbol{E}$ の定義であった．磁場中では荷電粒子が動いている場合に力を受ける．一方，磁場中の荷電粒子は運動している場合に力を受ける．磁場 $\boldsymbol{B}$ [T] の中で速度 $\boldsymbol{v}$ [m/s²] で運動している電荷 q [C] をもつ荷電粒子の場合，粒子に働く力 $\boldsymbol{F}$ [N] は
$$\boldsymbol{F} = q\boldsymbol{v} \times \boldsymbol{B} \tag{10.9}$$
で与えられる．この式は，磁場中の電流に加わる力の式 (10.6) から導くことができ，力 $\boldsymbol{F}$ の向きはフレミングの左手の法則に対応している．

導体の断面積を S [m²] とし，導線の中の電流を担う電荷の単位長さあたりの密度を n [m⁻³] とする．電荷が一様な速度 $\boldsymbol{v}$ [m/s] で移動している場合は時間 Δt [s] の間に，流れる電荷 ΔQ [C] は
$$\Delta Q = nSq\boldsymbol{v}\Delta t$$
である．この電流 $\boldsymbol{I}$ [A] は，
$$\boldsymbol{I} = \Delta Q / \Delta t = nSq\boldsymbol{v} \tag{10.10}$$
であり，この電流が流れている導線（長さ L）を磁場 $\boldsymbol{B}$ 中に入れると，
$$\boldsymbol{F} = (\boldsymbol{I}L) \times \boldsymbol{B} = nSLq\boldsymbol{v} \times \boldsymbol{B}$$

となる．この導線内の荷電粒子の数は nSL なので，1個の荷電粒子に加わる力は $\boldsymbol{F}=q\boldsymbol{v}\times\boldsymbol{B}$ で与えられる（図10.6）．ベクトル $\boldsymbol{v}$ とベクトル $\boldsymbol{B}$ とのなす角を θ とすると，力の大きさは，$v=|\boldsymbol{v}|$, $B=|\boldsymbol{B}|$ として

$$F=|q|vB\sin\theta \tag{10.11}$$

である．

以上，電場と磁場の力を合わせた電磁力は，

$$\boldsymbol{F}=q(\boldsymbol{E}+\boldsymbol{v}\times\boldsymbol{B}) \tag{10.12}$$

となる．これが，電磁場中の荷電粒子が受ける力であり，**ローレンツ力**（Lorentz force）と呼ばれる．

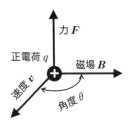
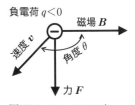

図 10.6 ローレンツ力．
$\boldsymbol{F}=q\boldsymbol{v}\times\boldsymbol{B}$
力の大きさは $|q|vB\sin\theta$.

> **例題 10.3** 磁束密度の大きさが $B=5.0\,\text{T}$ の磁場中を電荷 $q=1.0\,\text{C}$ の荷電粒子が磁場に垂直に速度 $v=30\,\text{m/s}$ で移動している．荷電粒子が受ける力はいくらか．磁場に平行に移動している場合はいくらか．
> （答：$F=qvB\sin\theta=150\sin\theta\,[\text{N}]$，垂直（$\theta=\pi/2$）の場合 $F=150\,\text{N}$，平行の場合（$\theta=0$）は $F=0\,\text{N}$）

 物理クイズ10： 鉄球と磁石の衝突は？（3択問題）

(A) 4個の鉄球（○）に1個の鉄球（○）を左から衝突させると右端の鉄球が同じ速度で動く．
(B) 右端を強い磁石の球（●）に替えると，左からの鉄球が付着し，5個のボールが一緒に付着する．

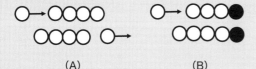

(A)　　　　　　(B)

(C) 磁石（●）を左端に置き，鉄球をぶつけると，どうなるか？（右欄外の図を参照）

鉄球　　鉄球

　　　　磁石

① 合体して動かない
② 右端の球が勢いよく飛び出す
③ 右端の球がゆっくりと離れ戻ってくる

①
②
③

 映画の中の電磁気10：地磁気消滅・反転と生物影響
　　　　　　　　（映画「ザ・コア」）

> 地磁気はわれわれが磁気コンパスに利用するだけではなく，鳩や渡り鳥も地磁気で方向を感知しているといわれている．地磁気の向きで運動

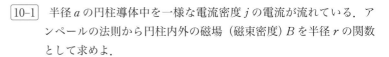

する微生物も確認されている．現在，その地磁気の強さが少しずつ（年に0.05 %ずつ）弱まってきて，外挿すると今から2000年後にはゼロになる可能性が指摘されている（科学史コラム10参照）．

SF映画「コア」（米国2003年公開）では，この核（コア）の回転停止により，地磁気が消滅し，何百羽もの鳩が方向感覚を失い，スペースシャトルが帰還時に制御不能となるなど，謎の出来事が次から次へと起こる．

物語では，超耐熱，超耐圧の材料開発により，地中潜行隊を地球の奥深くまで潜入させて，核爆弾により流れを回復させ，地磁気を維持することに成功する．そのような超耐高圧・超耐高熱の潜行船はまさに夢物語であるが，遠い将来には思わぬ形で地球内部の観察，潜行が可能となるかもしれない．

図　地球のコアの回転を誘起し地磁気を蘇らせる．

第10章　演習問題

10-1 半径 a の円柱導体中を一様な電流密度 j の電流が流れている．アンペールの法則から円柱内外の磁場（磁束密度）B を半径 r の関数として求めよ．

10-2 真空中で，図のように上向きの $I=10$ A の直線電流がある．以下，ベクトルの向きは（上向き（↑），下向き（↓），右向き（→），左向き（←），紙面の表から裏，裏から表）のいずれかで答えよ．

(1) 距離 $a=50$ cm 離れた紙面上の点Pに作る磁束密度 $\boldsymbol{B}$ の大きさと向きを求めよ．

(2) 3.0 C の正の点電荷が，速さ 10 m/s で直線電流と平行上向き（↑）に，点Pを通過した．そのときに点電荷が受けた力 $\boldsymbol{F}$ の大きさと向きを求めよ．

(3) -3.0 C の負の点電荷が，速さ 0.5 m/s で直線電流と垂直の向き（←）に，点Pを通過した．その瞬間に点電荷が受けた力 $\boldsymbol{F}$ の大きさと向きを求めよ．

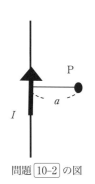

問題 10-2 の図

10-3 電流 I の半径 a の円形コイルを大半径 R としてドーナツ状（円環状）に N 個を均等で密に並べた．これはトロイダル磁場コイルと呼ばれる．

(1) 半径 $r=R+\varDelta$（$-a<\varDelta<a$）のコイル内の水平面での磁束密度 B を求めよ．

(2) コイル外の $r<R-a$，および，$r>R+a$ での磁束密度 B を求めよ．

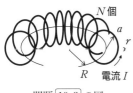

問題 10-3 の図

10-4 1 T（$=1$ Wb/m^2）の磁場の中へその方向と垂直な方向に速さ v で入射した陽子が半径 $r=50$ cm の同軌道を描いた．ここで，陽子の質量 m は 1.67×10^{-27} kg，電荷 q は 1.60×10^{-1} C である．

(1) 陽子の速さ v はいくらか．
(2) その陽子のエネルギー W は何 MeV に相当するか．

科学史コラム 10：地球ダイナモ理論（1949 年）と極性反転

地球が大きな磁石であることを実験的に説明したのはギルバートであり，詳細な解析を行ったのはガウスであった（科学史コラム 9）．

地球は，45 億年前に単一の固体に多くの隕石が衝突して重力圧縮を繰り返し，放射性崩壊熱で中心部分が溶融して，今から 25 億年以前の太古代に核とマントルが分離したと考えられている．そのような高温状態では永久磁石は存在しえない．現在では，地磁気の発生は地球内部の「外核」でのプラズマによる柱状対流が電流を誘起して磁場を発生・維持していると考えられている．いわゆる，「地球ダイナモ（発電機）機構」である．これは E. ブラード（Edward Bullard, 1907-1980 年，イギリスの地球物理学者）の 1949 年の単純な円板ダイナモ（図 1）を基本として，多数の柱状渦が全体として磁気双極子を形成し，外部に地磁気を生成・維持しているものである（図 2）．

現在，その地磁気の強さが少しずつ（年に 0.05% ずつ）弱まってきて，単純な外挿では 2000 年後にはゼロになる可能性も指摘されている．古地磁気学によれば，海底等から隆起する地層の岩石の残留磁気から，その時代の磁場の向きや強さを推定することが可能であり，これまで数十万年間隔で何度となく地磁気の N 極と S 極とが反転していることが明らかとなってきている．地球ダイナ機構は，スーパーコンピューターによる電磁流体シミュレーションにより解明されてきている．

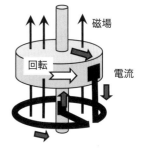

図 1　円板ダイナモのモデル．
磁場中で回転する円板では電磁誘導で円電流が誘起され磁場が持続される．

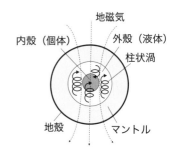

図 2　外核での柱状対流渦による磁場生成．

電磁気クイズ 10 の答　②
（解説）磁石により引き付ける磁気エネルギーが運動エネルギーに付加され，磁気引力の小さな鉄球が勢いよく飛び出す．これは「ガウス加速器」と呼ばれる．

第11章 電磁誘導 1
（電磁誘導の法則）

キーポイント
11.1 レンツの法則
11.2 磁束 $\Phi_B \equiv BS$，電磁誘導，誘導起電力 $V = -\dfrac{d\Phi}{dt} = -N\dfrac{d\Phi_B}{dt}$，誘導電流
11.3 移動導体での誘導起電力 $\boldsymbol{V} = \boldsymbol{v} \times \boldsymbol{B}L$，フレミングの右手の法則

11.1 レンツの法則

コイルに磁石を近づけたり遠ざけたりすると，図11.1のようにコイルに起電力が発生し電流が流れる．誘導される電流の方向は，ハインリッヒ・レンツ（エストニア，1804–1865年）により1833年にまとめられた以下の**レンツの法則**（Lenz's law）で表される．

「コイルや導体板に流れる誘導電流の方向は，誘導電流が作る磁束が，もとの磁束の増減を妨げる向きに発生する」

これは6.3節で述べる「フレミングの右手の法則」でも理解できる．

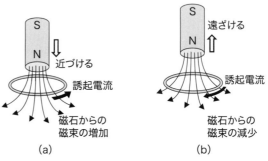

図11.1 磁石とコイルの誘導電流に関するレンツの法則．
(a) 磁石を近づけた場合，(b) 磁石を遠ざけた場合．

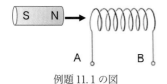

例題11.1の図

例題11.1 棒磁石を図のようにコイルに近づけると，端子AとBではどちらの電位が高くなるか．
（答：磁石の磁場を打ち消すようにコイル内を端子Bから端子Aに向かって電流が流れる．すなわち，Bの電位が高くなる）

11.2 ファラデーの電磁誘導の法則

電流が磁場を作るので，逆に磁場が電流を作るのではないかと考えられた．円形状に巻いた導体に磁石を近づけるとコイルに電流が流れ

る（図11.2）．これはコイル中の磁束が変化すると，それを妨げるようにコイルの両端に起電力が働き，コイル電流が流れるからである．この現象を**電磁誘導**（electromagnetic induction）という．電磁誘導で生じる起電力を**誘導起電力**（induced electromotive force）と呼び，生じる電流を**誘導電流**（induced current）と呼ぶ．

「誘導起電力の大きさは，コイルを貫く磁束の単位時間あたりの
変化に比例する」

という電磁誘導の法則が，1831年にマイケル・ファラデー（英国，1791–1867年）により発見された．

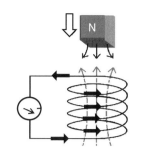

図11.2 電磁誘導の原理．

磁束 Φ
単位：Wb または V·s

誘導起電力は，磁場 B（単位は T，あるいは，Wb/m²），円形の面積 S [m²] とコイルの巻き数 N とに比例する．1個のコイルを貫く磁束線の数，すなわち**磁束**（magnetic flux）Φ_B [Wb] は

$$\Phi_B = BS \tag{11.1}$$

であり，コイル全体を貫く磁束 Φ は

$$\Phi = N\Phi_B = NBS \tag{11.2}$$

であり，コイルでの誘導起電力 V [V] は

$$V = -\frac{d\Phi}{dt} = -N\frac{d\Phi_B}{dt} \tag{11.3}$$

となる．ここで，磁束 Φ の単位は磁気量と同じウェーバー（記号 Wb）である．

$$1\,\text{Wb} = 1\,\text{V·s} = 1\,\text{T·m}^2$$

電圧 V と磁束 Φ は

$$V = \oint E_s\, dS \tag{11.4}$$

$$\Phi = \int B_n\, dS \tag{11.5}$$

であり，

$$\oint E_s\, ds = -\frac{d}{dt}\int B_n\, dS \tag{11.6}$$

となる．後に，この微分形 $\nabla \times E = -\dfrac{\partial B}{\partial t}$ が第8章で記載したマックスウェル方程式として定式化されている．

> **例題11.2** 0.2 Wb/m² の一様な磁場中に半径 0.1 m の100回巻きの円形コイルを，コイル面を磁場の方向と垂直に置いた．磁場が0.1秒でゼロに変化する場合のコイルでの誘導起電力 V はいくらか．
> （答：$V = -100 \times (0 - 0.2) \times \pi \times 0.1^2 / 0.1 = 6.28$ V）

11.3 移動導線での誘導起電力

前節では磁石を動かすような磁束変化により固定したコイルに誘導起電力が生じることを述べた．磁場を固定して，導体を動かした場合にも誘導起電力が生じる．

図 11.3 (a) に示したように，水平方向の一様磁場中（磁束密度 B [Wb/m²]）に，長さ L [m] の導線を鉛直方向に速度 v [m/s] で移動させると，v と B の両方に垂直な水平方向の導体中に電流が流れる．電流を流す誘導起電力 V [V] は，電流 I の方向と同じであり，ベクトルの外積を用いて

$$V = v \times BL \tag{11.7}$$

と書ける．

この場合の誘導起電力 V の方向（あるいは誘導電流 I）を知るには **フレミングの右手の法則**（Fleming's right hand rule）が用いられる．図 11.3 (b) のように，右手の 3 本の指を直角に開き，親指を導体の運動 v の向き（運動のための力 F の方向）に，人差し指を磁束 B の向きに一致させれば，中指の示す向きに誘導起電力 V（誘導電流 I）が生じる．ローレンツ力に対応するフレミングの左手の法則（10.2 節）と同様に，右手の親指から「$F \cdot B \cdot I$」で暗記し，誘導電流 I の方向を求めればよい．

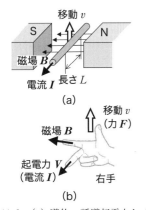

図 11.3 (a) 導体の誘導起電力と (b) フレミングの右手の法則．誘導起電力 V（または誘導電流 I）の向きを求める法則．

この誘導起電力の大きさはファラデーの電磁誘導の法則から求めることができる．図 11.4 において磁束密度 B [T] の磁場中にコの字形の導線を置き，これに接触しながら長さ L [m] の導体棒を速さ v [m/s] で，右へ移動させたとき，この導体で囲まれた長方形の閉回路の中に誘導される起電力の大きさを考える．

まず，この閉回路の全磁束 Φ は，$\Phi = BLx$ であるが，時間 Δt の間に $\Delta x = v \Delta t$ だけ移動したとすると，磁束の増加分は $\Delta \Phi = BL\Delta x = BLv\Delta t$ である．したがって，起電力 V は磁束の増加分をキャンセルする方向であり，その大きさは

$$V = \left| -\frac{\Delta \Phi}{\Delta t} \right| = vBL \tag{11.8}$$

である．

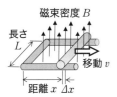

図 11.4 移動する導体内の誘導起電力．
$V = vBL$

> **例題 11.3** 地磁気 $B = 4.4 \times 10^{-5}$ T（$= 0.44$ G）の中を時速 180 km（秒速 $v = 50$ m/s）で列車が走行している．左右の車輪をつなぐ導体軸（$L = 1.0$ m）にはどれだけの誘導起電力 V が生じるか．
> （答：$V = vBL = 50 \times 4.4 \times 10^{-5} \times 1.0 = 2.2 \times 10^{-3}$ V）

電磁気クイズ11：コイル内への磁石の落下は？
（3択問題）

3種類のコイル含む回路がある．磁石をコイル内に自然落下させた．落下時間がもっとも長いのはどれか？
① A：開放した回路
② B：抵抗を接続した回路
③ C：短絡させた回路

A：開放　　B：抵抗接続　　C：短絡

 映画の中の電磁気11：静電加速のイオンエンジンと電磁加速（映画「はやぶさ」）

　2003年5月に打ち上げられた小惑星探査機ハヤブサは小惑星イトカワの粉塵を持ち帰って2010年6月に地球に帰還した．その苦難の物語を映画化した作品が「はやぶさ／HAYABUSA」（2011年，監督：堤幸彦）である．ほぼ同時期には「はやぶさ／遥かなる帰還」（2012年，監督：瀧本智行）と「おかえり，はやぶさ」（2012年，監督：本木克英）の2本も公開された．

　探査機ハヤブサは静電加速型のイオンエンジンで航行する．放電で生成されたプラズマを用いて多孔状の高電圧電極によりイオンを加速するエンジンである．比推力（ロケット推力を推進剤の重量流量で割った値）が小さいが推力密度（噴射口単位面積あたりの推力）が大きいのが化学推進であり，逆に比推力が大きく推力密度の小さいのが静電推進である．比推力，推力密度がともに中程度であるのがローレンツ力を利用した電磁加速エンジンである．

　後継機としてのはやぶさ2号は生命の起源の探索のため小惑星「Ryugu」を目指して2014年12月に打ち上げられ，2020年に地球帰還が予定されている．

図　イオンエンジンで航行するハヤブサ．

第11章　演習問題

11-1 図のように (r, θ, z) の座標系で円形コイルの中心軸としての z 軸

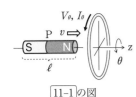

11-1 の図

に沿って長さ ℓ の磁石を一定の速度で動かすとき、周回電圧 V_0 とコイル電流 I_0 の様子を定性的に議論せよ。電流が最大となるのは磁石の中心点 P がどこの場所にきたときか。

11-2 磁場 0.1 T（=0.1 Wb/m²）が半径 1 m の 1 回巻きコイルを貫通している。この磁束を求めよ。また、この磁場が 10 秒でゼロに変化した場合にコイルに発生する電圧はいくらか。

11-3 2本の導体ガイドに抵抗 $R=50\,\Omega$ をつなぎ、動く導体棒を 2 点 P と Q で接触させて長方形の閉じた回路を作った。この回路を一様な磁束密度 $B=2.0$ Wb/m² の垂直な磁場中に置き、導体棒を一定の速さ $v=10$ m/s で滑らせた。ただし、PQ 間の長さを $\ell=0.5$ m とし、金属棒の抵抗や金属棒間の接触抵抗は無視する。

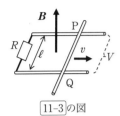

11-3 の図

(1) 時刻 0 での回路の面積を $S_0=0.1$ m² として、時刻 t [s] での回路の面積 S を求めよ。
(2) 時刻 t において回路を貫く磁束 Φ を求めよ。
(3) 金属棒 PQ に生じる誘導起電力 V を求めよ。
(4) 金属棒内を流れる電流の強さ I と電流の向きを求めよ。

11-4 細い中心軸のまわりに一定の角速度 ω で回転している半径 a の金属円板がある。この円板を、中心軸と平行な一様な磁束密度 B の磁場の中で回転させると、電磁誘導により円板の縁と中心軸との間に起電力が生じる。これは単極誘導（unipolar induction）と呼ばれる。

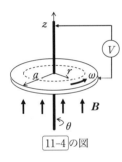

11-4 の図

(1) 円板が角速度 ω で回転しているとき、半径 r の所での 1 個の自由電子（電荷は $-e$）に加わるローレンツ力を求めよ。
(2) 誘起された起電力を求めよ。

科学史コラム 11：人名由来の電磁気関連単位

物理の単位系では科学者の人名にちなんだ単位名が多く用いられている。MKSA 単位系での「基本単位」7 つのうち、A（アンペア）と K（ケルビン、絶対温度）が人名由来であるが、力学関連の「組立単位」としては N（ニュートン、力）、J（ジュール、仕事）、W（ワット、仕事率）、Pa（パスカル、圧力）などがある。電磁気に関連する人名由来の「組立単位」を以下にまとめた。

A（アンペア、電流、SI 基本単位）：アンドレ＝マリ・アンペール（André-Marie Ampère, 1775-1836 年、フランス）アンペールの法則の発見

C（クーロン、電荷＝A・s）：シャルル・ド・クーロン（Charles de Coulomb, 1736-1806 年、フランス）クーロンの法則の発見（科学史コラム 2）

V（ボルト，電圧・電位＝W/A，J/C）：アレッサンドロ・ボルタ（Alessandro Anastasio Volta, 1745-1827 年，イタリア）ボルタの電池の発明（科学史コラム 4, 6）

Ω（オーム，電気抵抗＝V/A）：ゲオルク・ジーモン・オーム（Georg Simon Ohm, 1789-1854 年，ドイツ）オームの法則の発見

S（ジーメンス，電気抵抗の逆数＝Ω^{-1}）：ヴェルナー・フォン・ジーメンス（Ernst Werner von Siemens, 1816-1892 年，ドイツ）

F（ファラッド，キャパシタンス＝C/V）：マイケル・ファラデー（Michael Faraday, 1791-1867 年，イギリス）電磁誘導の法則，電気分解の法則の発見（科学史コラム 6）

H（ヘンリー，インダクタンス＝Wb/A）：ジョセフ・ヘンリー（Joseph Henry, 1797-1878 年，アメリカ）電磁誘導の法則の発見（ファラデーより先（1830 年）だが，論文発表はファラデーが先（1831 年））

Wb（ウェーバー，磁束＝V·s）：ヴィルヘルム・ヴェーバー（Wilhelm Eduard Weber, 1804-1891 年，ドイツ）

T（テスラ，磁束密度＝Wb/m^2）：ニコラ・テスラ（Nikola Tesla, 1856-1943 年，セルビア）交流電流，空中放電の実験（科学史コラム 5）

Hz（ヘルツ，周波数＝s^{-1}）：ハインリヒ・ヘルツ（Heinrich Rudolf Hertz, 1857-1894 年，ドイツ）電磁波の実証（科学史コラム 14）

　ちなみに，cgs 単位系での人名に由来する単位として，Bi（ビオ＝10 A，電流），Fr（フランクリン〜3.33×10^{-10} C，電荷，科学史コラム 3），Mx（マックスウェル＝10^{-8} Wb，磁束，科学史コラム 14），Gb（ギルバート＝$10/(4\pi)$ A，起磁力，科学史コラム 9），Oe（エルステッド＝$10^3/(4\pi)$A/m，磁界強度），G（ガウス＝10^{-4} T，磁束密度，科学史コラム 9）なども使われてきた．

電磁気クイズ 11 の答　③
（解説）レンツの法則（＊）により，磁場の増加を妨げるようにコイルに誘導電流が流れるので，短絡回路がもっとも逆磁場を生成し，磁石がゆっくり落ちる．
（＊）「外部磁場の変化を妨げるように，コイル誘導電流が流れる」

第12章 電磁誘導2
（インダクタンスと磁気エネルギー）

キーポイント

12.1 自己誘導 $V=-L\dfrac{dI}{dt}$，自己インダクタンス $L\equiv\dfrac{\Phi}{I}$，単位 H（ヘンリー）相互誘導 $V_{12}=-M_{12}\dfrac{dI_2}{dt}$，相互インダクタンス $M_{12}=M_{21}=M$

12.2 ソレノイドのインダクタンス $L=\mu n^2\ell S$

12.3 磁気エネルギー $U_L=\dfrac{1}{2}LI^2$，磁気エネルギー密度 $u_L=\dfrac{1}{2\mu_0}B^2$，電磁エネルギー密度 $u=\dfrac{\varepsilon_0}{2}E^2+\dfrac{1}{2\mu_0}B^2$

12.1 自己誘導と相互誘導

(1) 自己誘導

図12.1 自己インダクターを含む回路．

インダクタンス L, M
単位：H または Wb/A

閉じた回路に電流を流すと回路を貫く磁束が時間的に変化し，回路に誘導起電力が生じる．特に電線をばね状に巻いた**インダクター**（inductor）では逆起電力が発生する（図12.1）．自分の電流の変化が自分の電流の変化を妨げるので，これを**自己誘導**（self-induction）という．電流により作られる磁場は電流 I [A] に比例するので，回路を貫通する磁束 Φ [Wb] を

$$\Phi=LI \tag{12.1}$$

とする．したがって，誘導起電力 V [V] $=-d\Phi/dt$ は

$$V=-L\dfrac{dI}{dt} \tag{12.2}$$

である．ここで，比例係数 L を**自己インダクタンス**（self-inductance）といい，単位として**ヘンリー**（henry，記号 H）を用いる．

$$1\,\text{H}=1\,\text{Wb/A}=1\,\text{V}\cdot\text{s}/\text{A}=1\,\text{m}^2\cdot\text{kg}\cdot\text{s}^{-2}\cdot\text{A}^{-2}$$

(2) 相互誘導

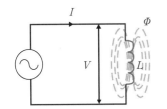

図12.2 相互誘導．

2つのコイルが近接して置かれており，一方のコイル1（自己インダクタンス L_1）の電流 I_1 が変化するする場合，自己誘導が起こる．一方，コイル1により生成された磁束の一部 $\Phi_{2\leftarrow 1}$ はほかのコイル2（自己インダクタンス L_2）を貫き，コイル2に電磁誘導現象を引き起こし，誘導起電力を発生させる．この現象を**相互誘導**（mutual induction）という（図12.2）．コイル1の電流を I_1 [A] とし，その磁束がコイル2を貫く全磁束を Φ_{21} [Wb]（コイル1の電流によるコイル2への磁束貫通の意味で $\Phi_{2\leftarrow 1}$ を Φ_{21} と書く）とすると，Φ_{21} は I_1 に比例するので

$$\Phi_{21}=M_{21}I_1 \tag{12.3}$$

である．ここで比例定数 M_{21} を**相互インダクタンス**（mutual induc-
tance）といい，その単位は自己インダクタンスと同じくヘンリー（H）
である．この値はコイルの形，大きさ，巻数，相互の位置によって定
まる．

コイル1の電流 I_1 [A] が微小時間 Δt [s] の間に ΔI_1 [A] だけ変化する
とき，コイル2に発生する誘導起電力 V_{21} は Φ_{21} の時間変化に比例し

$$V_{21} = -\frac{\mathrm{d}\Phi_{21}}{\mathrm{d}t} = -M_{21}\frac{\mathrm{d}I_1}{\mathrm{d}t} \tag{12.4}$$

である．同様に，コイル2からコイル1への磁束 Φ_{12} と誘導起電力
V_{12} は

$$\Phi_{12} = M_{12}I_2 \tag{12.5}$$

$$V_{12} = -M_{12}\frac{\mathrm{d}I_2}{\mathrm{d}t} \tag{12.6}$$

である．ここで，一般的に

$$M_{12} = M_{21} = M \tag{12.7}$$

であることが証明されるが，これは，**相互インダクタンスの相反定理**
（reciprocal theorem of mutual inductance）と呼ばれる．また，相互イ
ンダクタンスと自己インダクタンスとの関係は

$$M = k\sqrt{L_1 L_2} \tag{12.8}$$

で表される．ここで k は**結合係数**（coupling coefficient）であり，
$0 \leqq k \leqq 1$ である．理想的に磁束の漏れがないように結合されているコ
イル系の場合には $k=1$ である．

以上より，コイル1とコイル2の磁束と起電力をまとめると

$$\Phi_1 = \Phi_{11} + \Phi_{12} = L_1 I_1 + M_{12}I_2 \tag{12.9a}$$

$$\Phi_2 = \Phi_{22} + \Phi_{21} = L_2 I_2 + M_{21}I_1 \tag{12.9b}$$

$$V_1 = -\frac{\mathrm{d}\Phi_1}{\mathrm{d}t} = -\frac{\mathrm{d}\Phi_{11}}{\mathrm{d}t} - \frac{\mathrm{d}\Phi_{12}}{\mathrm{d}t} = -L_1\frac{\mathrm{d}I_1}{\mathrm{d}t} - M_{12}\frac{\mathrm{d}I_2}{\mathrm{d}t} \tag{12.10a}$$

$$V_2 = -\frac{\mathrm{d}\Phi_2}{\mathrm{d}t} = -\frac{\mathrm{d}\Phi_{22}}{\mathrm{d}t} - \frac{\mathrm{d}\Phi_{21}}{\mathrm{d}t} = -L_2\frac{\mathrm{d}I_2}{\mathrm{d}t} - M_{21}\frac{\mathrm{d}I_1}{\mathrm{d}t} \tag{12.10b}$$

である．

> **例題 12.1**　コイル1と2がある．コイル1の電流を時間変化率一定で5
> A からゼロに1秒間で変化させると，コイル2の両端に2 mV の電圧
> が誘起された．コイル1と2との相互インダクタンス M はいくらか．
> （答：$M = -V_2/(\mathrm{d}I_1/\mathrm{d}t) = -0.002/(-5/1) = 0.0004\,\mathrm{H} = 0.4\,\mathrm{mH}$）

12.2　ソレノイドのインダクタンス

インダクタンスの例として，長さ ℓ [m]，断面積 S [m²]，単位長さあ

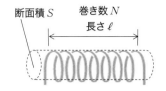

図 12.3 ソレノイドコイルのインダクタンス．
$L=\mu_0 n^2 \ell S$

たりの巻き数 n [m^{-1}] の細長い空心のソレノイドコイルを考える（図 12.3）．内部の磁束密度 B [T] は $B=\mu_0 nI$ であり，コイルの総巻き数は $N=n\ell$ なので，1回の巻き数が貫く磁束 Φ_B [Wb] は $\Phi_B=BS$ であり，全磁束 Φ [Wb] は $\Phi=N\Phi_B=NBS=\mu_0 n^2 \ell S I$ である．したがって，インダクタンス L は

$$L=\mu_0 n^2 \ell S \tag{12.11}$$

である．ソレノイドの内部が比透磁率 μ_r の鉄心で満たされている場合には透磁率 $\mu=\mu_0 \mu_r$ を用いて

$$L=\mu n^2 \ell S \tag{12.12}$$

である．

> **例題 12.2** 100回巻きで長さ 10 cm，断面積 5 cm^2 のソレノイドを作った．コイル内部に比透磁率 $\mu_r=1000$ の鉄心が挿入されているとして，この自己インダクタンスを求めよ．
> （答：$L=\mu_0\mu_r n^2 \ell S = 4\pi \times 10^{-7} \times 1000 \times (100/0.1)^2 \times 0.1 \times 5 \times 10^{-4} = 6.3 \times 10^{-2}$ H）

12.3 磁気エネルギー

インダクタンスの電圧 $v=Ldi/dt$ と電流 i との積 vi が仕事率なので，時刻 0 から T [s] までの間に電流を 0 から I [A] まで増加させた場合には，時間 Δt での仕事量 $vi\Delta t=Li\Delta i$ を積算すればインダクタンス内の**磁気エネルギー**（magnetic energy）U_L [J] が求まる．図 12.4 では三角形の面積が U_L [J] に相当する．

$$U_L=\frac{1}{2}LI^2 \tag{12.13}$$

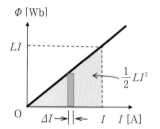

図 12.4 インダクターの磁気エネルギー．
$U_L=\int_0^I Li\,di=(1/2)LI^2$

これは時間的に 0 から T まで積分しても求めることができる．

$$U_L=\int vi\,dt = \int_0^T \left(L\frac{di}{dt}\right)i\,dt = \int_0^I Li\,di = \frac{1}{2}LI^2$$

前節 12.1 節に記した長さ ℓ [m]，断面積 S [m^2]，単位長さあたりの巻き数 n [m^{-1}] の細長い空心のソレノイドコイルの場合には $I=B/(\mu_0 n)$，$L=\mu_0 n^2 \ell S$ であり

$$U_L=\frac{1}{2}LI^2=\frac{1}{2\mu_0}B^2 \ell S$$

である．ソレノイドコイル内の磁場体積は ℓS なので単位体積あたりの磁場エネルギー，すなわち**磁気エネルギー密度**（magnetic energy density）u_L [J/m^3]$=U_L/(\ell S)$ は，

$$u_L=\frac{1}{2\mu_0}B^2 \tag{12.14}$$

である．電磁場のエネルギー密度 u は，6 章で述べた電気エネルギー密度との和を考えて

$$u = \frac{\varepsilon_0}{2}E^2 + \frac{1}{2\mu_0}B^2 \tag{12.15}$$

と書くことができる．

例題 12.3 自己インダクタンス 500 μH のソレノイドコイルに 4 A の電流を流した．ソレノイドコイルに蓄えられた磁気エネルギーはいくらか．
（答：$U_L = (1/2)LI^2 = 0.5 \times 500 \times 10^{-6} \times 4^2 = 4 \times 10^{-3}$ J）

 電磁気クイズ 12：磁石の振り子は？（3 択問題）

強力な磁石の振り子がある．
木の机の上では，通常の振り子運動となるが，下にアルミ板を敷くとどうなるか？
① 遅くなりすぐ止まる．
② 加速してなかなか止まらない．
③ 振り子運動に変化はない．

 映画の中の電磁気 12：ロボットのワイアレス給電
　　　　　　　　　　（映画「ゴジラ×メカゴジラ」）

　ゴジラは核実験の放射線で恐竜が変異した恐竜型怪獣であり，力強い「ゴリラ」と体の大きな「クジラ」を混合した造語とされている．映画「ゴジラ」の第 1 作は 1954 年公開され，多くのシリーズ作品が公開されてきた．2002 年公開の映画「ゴジラ×メカゴジラ」（手塚昌明監督，釈由美子主演，東宝）では，日本を襲うゴジラに対抗して，ゴジラの DNA を用いて作られたメカゴジラ「機龍」が登場する．このメカゴジラのエネルギー源は電力であり，無線給電されている．メーザー（誘導放出によるマイクロ波増幅）を想定した「メーサー」兵器も登場する．無線給電は現在では小電力では電動歯ブラシ，IC カードなどで活用されており，将来の宇宙太陽光発電ではマイクロ波大電力送電が想定されている（科学史コラム 12）．これはかつて奇才ニコラ・テスラが構想・実験した交流空間大電力伝送である．

図　ゴジラとメカゴジラの対決．メカゴジラは無線給電がなされている．

第12章　演習問題

12-1 東京での地磁気は約 45 μT（＝0.45 G（ガウス））である．東京ドームの体積は約 124 万 m³（1 辺 107 m の立方体に相当）として，ドーム内の地磁気の磁場エネルギーはいくらか．

12-2 図のように自己インダクタンス L の回路で，A 回路では抵抗値 R_A の抵抗と電圧 V_A の電池が，B 回路には抵抗値 R_B の抵抗があり，スイッチは最初は開放してある．スイッチ A を閉じた後，時刻 t_0 でスイッチ B を閉じる場合について，以下の順で考える．

(1) スイッチ A を閉じた場合の回路について，キルヒホッフの第二法則（電圧法則）を適用して，回路方程式を書け．
(2) スイッチを A につないだ場合の電流の時間変化 $I(t)$ を求めよ．
(3) スイッチ B を閉じた場合の回路について，キルヒホッフの第二法則（電圧法則）を適用して，回路方程式を書け．
(4) スイッチ B を閉じた時の時刻 $t=t_0$ での電流値を I_0 として，それ以降（$t \geq t_0$）の電流値 $I(t)$ を求めよ．
(5) 抵抗 R_B にはどれだけのジュール熱が発生するか．

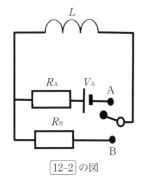

12-2 の図

12-3 空気中の絶縁破壊の条件（1 cm あたり 30 kV の電位差）を考慮して，10 kV/cm の電場の利用を考える．また，磁界の上限としては鉄の飽和磁束を考慮して，1 T の磁束密度の利用を考える．

(1) 電力機器に関連して，上記の場合の電場のエネルギー密度と磁場のエネルギー密度との比を求めよ．
(2) マイクロマシーンでは，電荷を帯びた物体の電磁場での力を利用する．上記の電場による力と磁場による力との比を求めよ．ただし，マイクロマシーンの速度は音速の 1/3 程度の 100 m/s とする．

12-4 超伝導エネルギー貯蔵システム（SMES）として，大半径 R_0, 小半径 a_0 で定格磁場 $B=5$ T の環状磁場コイルシステムを考える．

(1) 100 MWh（10^8 Wh, 10 万キロワット毎時）の中規模 SMES において，貯蔵できる磁気エネルギーは何ジュールか？
(2) この SMES において，磁気エネルギーの必要な貯蔵体積は何立方メートルか？
(3) アスペクト比 $R_0/a_0=10$ の環状コイルシステムを考えた場合，大半径 R_0 は何メートルとすべきか？
(4) 超伝導コイルとして $N_0=100$ 個を設置した場合の，コイル中心（$R=R_0$）で磁場 $B_0=5$ T を発生するための 1 個のコイルの起磁力（アンペアターン（AT））を求めよ．
(5) 運転定格 50 kA の超伝導導体を用いる場合に，1 個のコイルあたりの巻き数を求めよ．

科学史コラム 12：誘導加熱調理器と非接触給電

　電磁調理器は火を使わない安全で効率のよい調理器である．この調理器の加熱原理はファラデーにより発見された電磁誘導の法則（1831 年）にもとづいており，Induction Heater（誘導加熱）の頭文字を用いて IH 調理器とも呼ばれている．現在の高周波方式の IH 調理器の原型は 1970 年代初めに米国や日本の会社で商品化されており，1990 年代初期から大幅に普及してきた．耐熱性セラミックス板のトッププレートの下に設置したコイルに交流電流を流し，発生させた変動磁場により鍋底に無数の渦電流を生じさせて，電気抵抗のある鍋底を直接加熱する．その技術は炊飯器にも応用されてきている．

　ワイアレスの電力供給（非接触給電）にも電磁誘導の原理は応用されており，非接触 IC カードやコードレス電話機などに用いられている．非接触給電の方式としては，この「電磁誘導方式」のほかに，コイルとキャパシターを用いて電磁共鳴現象を利用した「共鳴方式」や，電力を電磁波に変換しアンテナを介して送受信する「電波方式」などがある．これは夢の発電としての宇宙太陽光発電でのマイクロ波大電力送電の未来技術としても開発されてきている．

電磁気クイズ 12 の答　①
　アルミ板に渦電流が流れ，運動を抑止する．動く磁石の前方には磁石を押し返す磁場が誘起され，磁石の後方には引き戻す磁場が発生する．

第 13 章　交流と回路

キーポイント

13.1　交流起電力 $V = V_\mathrm{m} \sin \omega t$, 実効値 $V_\mathrm{e} = \dfrac{V_\mathrm{m}}{\sqrt{2}}$, $I_\mathrm{e} = \dfrac{I_\mathrm{m}}{\sqrt{2}}$, 2乗平均平方根 (RMS)

13.2　インダクタンス L の誘導リアクタンス $X_\mathrm{L} = \omega L$,
キャパシタンス C の容量リアクタンス $X_\mathrm{C} = \dfrac{1}{\omega C}$, リアクタンスの単位：Ω

13.3　インピーダンス $Z = \sqrt{R^2 + \left(\omega L - \dfrac{1}{\omega C}\right)^2}$, 位相のずれ $\varphi = \arctan\left[\left(\omega L - \dfrac{1}{\omega C}\right)/R\right]$,
力率 $\cos \varphi = R/\sqrt{R^2 + \left(\omega L - \dfrac{1}{\omega C}\right)^2}$, 変圧器 $\left|\dfrac{V_2}{V_1}\right| = \dfrac{N_2}{N_1}$

13.1　交流

電池は直流であるが，家庭で使われている 100 V の電源は交流であり，電流と電圧の向き，および大きさが周期的に変化する．通常の交流は正弦関数で周期的に変化する．これは交流発電機で生成される（図 13.1）．

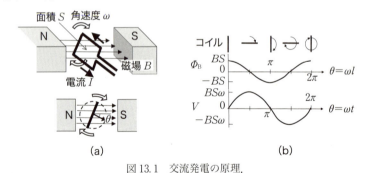

図 13.1　交流発電の原理．
(a) 交流発電機とその横断面，
(b) コイルを貫通する磁束 Φ_B と誘導交流電圧 V．

一様な磁場 B [T] 中を面積 S [m²] の 1 回巻きのコイルが角速度 ω [rad/s] で回転させたとする．磁場とコイルの垂直の面からの角度 $\theta = \omega t$ での磁束 Φ [Wb] は $\Phi_\mathrm{B} = BS \cos \omega t$ であり，**交流起電力** (alternating current electromotive force) V [V] は

$$V = -d\Phi_\mathrm{B}/dt = BS\omega \sin \omega t = V_\mathrm{m} \sin \omega t \tag{13.1}$$

である（図 13.1 (b)）．ここで，角周波数（角速度）ω [rad/s] と周波数 f [Hz]，周期 T [s] の関係は

$$\left.\begin{array}{l} \omega = 2\pi f = 2\pi/T \\ f = \omega/(2\pi) = 1/T \\ T = 2\pi/\omega = 1/f \end{array}\right\} \tag{13.2}$$

である.

抵抗 R に交流電圧 $V(t)=V_\mathrm{m}\sin\omega t$ を加えた場合には,オームの法則 $V(t)=RI(t)$ から交流電流 $I(t)$ は

$$I(t)=I_\mathrm{m}\sin\omega t, \qquad V_\mathrm{m}=RI_\mathrm{m} \tag{13.3}$$

となる(図13.2).電圧と電流との積としての電力 $P(t)$ は

$$P(t)=V(t)I(t)=V_\mathrm{m}I_\mathrm{m}\sin^2\omega t=\frac{1}{2}RI_\mathrm{m}^2(1-\cos 2\omega t) \tag{13.4}$$

である.この電力を周期 T で平均した値

$$P_e=\frac{1}{T}\int_0^T V(t)I(t)\mathrm{d}t \tag{13.5}$$

を計算し,

$$P_e=\frac{\omega}{2\pi}\int_0^{2\pi/\omega}\frac{1}{2}V_\mathrm{m}I_\mathrm{m}(1-\cos 2\omega t)\mathrm{d}t=\frac{RI_\mathrm{m}^2}{2} \tag{13.6}$$

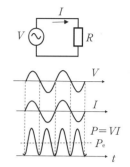

図13.2 交流抵抗回路での電圧 $V(t)$,電流 $I(t)$,電力 $P(t)$ の時間変化値と実効値 P_e.

が得られる.平均電力 P_e を $P_e=RI_e^2$ となる平均電流 I_e で表すためには,$I_e=I_\mathrm{m}/\sqrt{2}$ とすればよい.これは実効値に相当する.

交流電圧,電流の**実効値**(effective value)は,電圧または電流値を 2 乗して周期 T で積分し,それを周期 T で割って,ルートをとる **2 乗平均平方根**(Root Mean Square, RMS)として定義できる.

$$V_e=\sqrt{\frac{1}{T}\int_0^T V(t)^2\mathrm{d}t}=\frac{V_\mathrm{m}}{\sqrt{2}} \tag{13.7}$$

$$I_e=\sqrt{\frac{1}{T}\int_0^T I(t)^2\mathrm{d}t}=\frac{I_\mathrm{m}}{\sqrt{2}} \tag{13.8}$$

電圧や電流の周期 T での平均値はゼロであるが,半周期 $T/2$ での平均値は

$$\langle V\rangle_{T/2}=\frac{2}{T}\int_0^{T/2}V(t)\mathrm{d}t=\frac{\omega V_\mathrm{m}}{\pi}\int_0^{\pi/\omega}\sin\omega t\mathrm{d}t=\frac{V_\mathrm{m}}{\pi/2} \tag{13.9}$$

であり,実効値の $2\sqrt{2}/\pi\sim0.90$ 倍である.一般家庭用の電気で電圧 100 V と呼んでいるのは式(13.7)の実効値であり,ピーク値は 141.4 V である.また,半周期での平均値は 90 V である.

> **例題 13.1** 交流 100 V,30 A の抵抗負荷の電化製品がある.この電力の瞬間ピーク値はいくらか.
> (答:平均電力は 100 V×30 A=3,000 W=3 kW であり,抵抗負荷に対してのピーク電力は 2 倍の 6 kW である)

13.2 L 回路,C 回路とリアクタンス

(1) L 回路

コイルやキャパシターが負荷の場合には,交流電圧 $V(t)=V_0\sin\omega t$

を加えた場合には，交流電流は

$$I(t)=I_0\sin(\omega t+\delta), \quad I_0=V_0/Z \quad (13.10)$$

のように位相がずれる．ここで，V_0 と I_0 の比 Z は**インピーダンス**（impedance）と呼ばれ，δ は初期位相である．

図 13.3 に示したように，電圧 $V(t)$ を印加すると，インダクタンスには自己誘導として電圧 $-LdI(t)/dt$ が誘起され，電流の流れが阻止される．すなわち

$$V(t)-L\frac{dI(t)}{dt}=0 \quad (13.11)$$

である．印加電圧が $V(t)=V_0\sin\omega t$ とすると，電流は

$$I(t)=\int_0^t \frac{dI(t)}{dt}dt=\frac{1}{L}\int_0^t V(t)dt=-\frac{V_0}{\omega L}\cos\omega t$$

となる．電流は式（13.10）で与えられるので

$$Z=\omega L, \quad \delta=-\pi/2$$

となり，初期位相は $-\pi/2$（$-90°$）であり，電流の位相は電圧の位相よりも $\pi/2$（$90°$）だけ遅れていることが示される．特に位相が $\pm\pi/2$ だけずれているときには消費電力 $P_e=0$ となる．電圧に対する電流の比としてのインピーダンスは**リアクタンス**（reactance）と呼ばれるが，

$$X_L=\omega L \quad (13.12)$$

は**誘導リアクタンス**（inductive reactance），あるいは，**誘導抵抗**と呼ばれ，単位は直流抵抗と同じ Ω（オーム）である．

インダクタンスを利用した回路は，高電圧の発生用として自動車エンジンの点火プラグや蛍光灯の放電開始に用いられている．

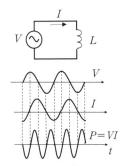

図 13.3 交流インダクタンス回路での電圧 $V(t)$，電流 $I(t)$，電力 $P(t)$ の時間変化値．
電流は電圧より 90° 遅れている．電力実効値はゼロ．

誘導リアクタンス X_L
単位：Ω

> **例題 13.2a** インダクタンスが 100 mH のコイルに，周波数 50 Hz（関東地域）で実効値 100 V の電圧を印加した．コイルのリアクタンスと電流の実効値を求めよ．
> （答：角周波数 $\omega=2\pi f=2\times 3.14\times 50=314$ rad/s，リアクタンス $X_L=\omega L=31.4\ \Omega$，電流の実効値 $I_e=V_e/X_L=100/31.4=3.2$ A）

(2) C 回路

図 13.4 に示したように，キャパシターに交流電圧 $V(t)$ を印加すると，交流電流 $I(t)$ が誘起される．回路方程式は

$$V(t)-\frac{1}{C}\int I(t)dt=0 \quad (13.13)$$

である．印加電圧を $V(t)=V_0\sin\omega t$ とすると，電流は

$$I(t)=C\frac{dV(t)}{dt}=\omega CV_0\cos\omega t$$

となる．電流は $I(t)=I_0\sin(\omega t+\delta)$ と書くことができ

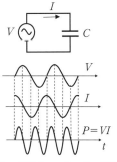

図 13.4 交流キャパシター回路での電圧 $V(t)$，電流 $I(t)$，電力 $P(t)$ の時間変化値．
電流は電圧より 90° 進んでいる．電力実効値はゼロ．

$$I_0 = \omega C V_0, \quad \delta = \pi/2$$

となる．初期位相は $\pi/2$（90°）であり，電流の位相は電圧の位相よりも $\pi/2$（90°）だけ進んでいることが示される．ここで，**容量リアクタンス**（capacitive reactance）は

$$X_C = \frac{1}{\omega C} \tag{13.14}$$

と定義され，単位は Ω（オーム）である．

容量リアクタンス X_C
単位：Ω

電動機などの誘導性負荷の場合には，電流値の位相が電圧の位相よりも遅れるので，次節で述べる「力率」を改善するために「進相キャパシター（進相コンデンサー）」が用いられる．

以上のコイルでの誘導リアクタンスや，キャパシターでの容量リアクタンスは，エネルギーの消費がない疑似的な抵抗であることに留意すべきである．

例題 13.2b キャパシタンスが $10\,\mu\mathrm{F}$ のキャパシターに，周波数 $50\,\mathrm{Hz}$（関東地域）で実効値 $100\,\mathrm{V}$ の電圧を印加した．キャパシターのリアクタンスと電流の実効値を求めよ．
（答：$\omega = 2\pi f = 2 \times 3.14 \times 50 = 3.14 \times 10^2\,\mathrm{rad/s}$，リアクタンス $X_C = 1/(\omega C) = 1/(3.14 \times 10^2 \times 10^{-5}) = 3.2 \times 10^2\,\Omega$，電流の実効値 $I_e = V_e/X_C = 100/(3.2 \times 10^2) = 0.31\,\mathrm{A}$

13.3 LCR 回路と力率

(1) LCR 回路

図 13.5 のように，交流電源に自己インダクタンス L [H] のコイル，電気容量 C [F] のキャパシター，抵抗 R [Ω] の抵抗器を直列に接続した回路を LCR 回路（または RLC 回路）という．

この回路の電源に交流電圧 $V(t)$ を印加し，電流 $I(t)$ の流れが誘起される場合は

$$V(t) - RI(t) - L\frac{\mathrm{d}I(t)}{\mathrm{d}t} - \frac{1}{C}\int I(t)\,\mathrm{d}t = 0 \tag{13.15}$$

である．これまで印加電圧を $V(t) = V_0 \sin \omega t$ としたが，これを虚数 $\mathrm{i} = \sqrt{-1}$ を用いた複素数に拡張して（複素計算法）

$$V = V_0 \mathrm{e}^{\mathrm{i}\omega t}$$

とおく．電流を複素振幅 $\tilde{I}$ を導入して

$$I = \tilde{I} \mathrm{e}^{\mathrm{i}\omega t}$$

とすると

$$\left(R + \mathrm{i}\omega L + \frac{1}{\mathrm{i}\omega C}\right)\tilde{I} = V_0 \tag{13.16}$$

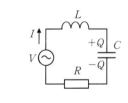

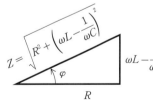

図 13.5 LCR 回路でのインピーダンス Z と位相の遅れ φ．

となり，複素インピーダンス $\hat{Z}$ は

$$\hat{Z} = \frac{V_0}{\hat{I}} = R + i\left(\omega L - \frac{1}{\omega C}\right) \tag{13.17}$$

である．$\hat{Z}$ の実数部分 R は抵抗であり，虚数部分 $\omega L - \frac{1}{\omega C}$ はリアクタンスでありエネルギーを消費しない疑似的な抵抗である．この回路のインピーダンス Z [Ω] と位相の遅れ φ は

$$Z = \sqrt{R^2 + \left(\omega L - \frac{1}{\omega C}\right)^2} \tag{13.18}$$

$$\tan\varphi = \left(\omega L - \frac{1}{\omega C}\right)/R \tag{13.19}$$

となる（図 13.5）．

　LCR 回路のインピーダンスが最小になるのは，電源の角周波数 ω が $\omega L - 1/(\omega C) = 0$ のときであり，電源の周波数 $f = \omega/2\pi$ [Hz] が

$$f = \frac{1}{2\pi\sqrt{LC}} \tag{13.20}$$

である．この回路では，さまざまな周波数の混合した交流の中から特定の周波数のものだけを取り出して大きな電流にすることができるので，ラジオやテレビの受信機の同調回路として利用されている．

(2) 力率と有効電力

　電圧，電流がそれぞれ $V = \sqrt{2}\,V_e \sin\omega t$，$I = \sqrt{2}\,I_e \sin(\omega t - \varphi)$ で表されるとき，電力の瞬時値 $P = VI$ は，三角関数の公式

$$\sin\alpha \cdot \sin\beta = -(1/2)\{\cos(\alpha+\beta) - \cos(\alpha-\beta)\}$$

を用いて

$$P = 2V_e I_e \sin\omega t \cdot \sin(\omega t - \varphi) = V_e I_e\{\cos\delta - \cos(2\omega t - \varphi)\}$$

と書け，周期 T までの平均値 $\langle P\rangle = \frac{1}{T}\int_0^T P\,dt$ は，

$$\langle P\rangle = \frac{V_e I_e}{T}\int_0^T \{\cos\varphi - \cos(2\omega t - \varphi)\}\,dt = V_e I_e \cos\varphi \tag{13.21}$$

となる．この $\cos\varphi$ を**力率**（power factor）という．抵抗のないコイルやキャパシターに交流電流が流れている場合，$\varphi = \pm\pi/2$ であるから力積はゼロであり電力を消費していない．LCR 回路では

$$力率 = R/\sqrt{R^2 + \left(\omega L - \frac{1}{\omega C}\right)^2} \tag{13.22}$$

である．

　電力 $V_e I_e$ は見かけの値であり，**皮相電力**（apparent power）と呼ばれ，単位は VA（ボルトアンペア）である．**有効電力**（effective power）は $V_e I_e \cos\varphi$ であり，**無効電力**（reactive power）は $V_e I_e \sin\varphi$ で定義され，

$$\text{皮相電力} = \sqrt{(\text{有効電力})^2 + (\text{無効電力})^2}$$
$$\text{有効電力} = \text{皮相電力} \times \text{力率}$$

である．交流機器の設備規模や価格は皮相電力値で決まるので，力率を1に近づけることが重要である．

例題 13.3a LCR の直列回路で，抵抗が $10\,\Omega$，インダクターのリアクタンスは $20\,\Omega$，キャパシターのリアクタンスは $10\,\Omega$ である．この回路のインピーダンス，位相のずれ，力率を求めよ．
(答：インピーダンス $Z = \sqrt{R^2 + \left(\omega L - \dfrac{1}{\omega C}\right)^2} = \sqrt{10^2 + (20-10)^2} = 10\sqrt{2}$
$= 14\,\Omega$, $\tan\varphi = \dfrac{\left(\omega L - \dfrac{1}{\omega C}\right)}{R} = \dfrac{(20-10)}{10} = 1$，位相のずれ $\varphi = 45°$，力率 $\cos\varphi = \dfrac{R}{Z} = \dfrac{1}{\sqrt{2}} = 0.71$)

(3) 変圧器

2つのコイルの相互誘導を利用して電圧を変換する装置が**変圧器** (transformer) である．コイルの磁束の結合をよくするために口型の鉄心を用いる（図 13.6）．鉄心中で発生する損失をゼロとし，微小時間 Δt 内に鉄心の磁束変化 $\Delta\Phi$ があるとすると，1次コイルの巻き数を N_1，その電圧を V_1 とし，2次コイルの巻き数を N_2，その電圧を V_2 として，

$$V_1 = -N_1 \frac{\Delta\Phi}{\Delta t}, \quad V_2 = -N_2 \frac{\Delta\Phi}{\Delta t}$$

したがって，

$$\frac{V_2}{V_1} = \frac{N_2}{N_1} \tag{13.23}$$

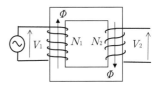

図 13.6 変圧器の原理．
$\left|\dfrac{V_2}{V_1}\right| = \dfrac{N_2}{N_1}$

となる．例えば，2次コイルの巻き数を1次コイルの巻き数の10分の1にすると，電圧を10の1に低くすることができる．家庭用の供給電圧 100 V と 200 V（許容範囲は 101 ± 6 V と 202 ± 20 V）は，配電用変圧器から送られてくる 6,600 V の電気を柱上トランス（または地下トランス）により降圧されたものである．

例題 13.3b 1次コイルの巻き数が 1,000 回で，2次コイルの巻き数が 200 回の変圧器において，1次電圧 100 V を加えると2次電圧は何ボルトか．
(答： $V_2 = (N_2/N_1)V_1 = (200/1000) \times 100 = 20$ V)

電磁気クイズ 13：交流回路での暗い電球は？
（4 択問題）

定格 100 V-40 W と 100 V-10 W の電球がある．図のように直列または並列に電球を接続して，家庭用の交流 100 V 電源に接続した．もっとも暗い電球はどれか？　① A，② B，③ C，④ D

A:40 W　B:10 W　C:40 W　D:10 W

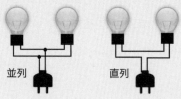

 映画の中の電磁気 13：交流電気のマジックとニコラ・テスラ（映画「プレステージ」）

イリュージョンと呼ばれる大型ステージマジックでは，空中浮遊，人体の切断，美女の変身，爆発からの脱出など，好奇と驚異を観客に与えてくれる．米国映画「プレステージ」(2006 年，クリストファー・ノーラン監督，ヒュー・ジャックマン主演）では，人間瞬間移動のマジックが使われ，そのトリックが最後のどんでん返しとして明かされる．映画の中では，交流高電圧の魔術として帽子の瞬間移動の実験をする発明家ニコラ・テスラ（俳優：デビッド・ボーイ）も登場する．実際のテスラの主要研究は無線電力伝送であり未完成で終わったが，現代ではマイクロ波による電力伝送などが実証されており，将来の宇宙太陽光発電での電力送電の方式としても計画されている（科学史コラム 12 参照）．

図　テスラの交流高電圧によるマジック．
人間の瞬間移動は可能か？

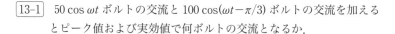

第 13 章　演習問題

[13-1]　$50\cos\omega t$ ボルトの交流と $100\cos(\omega t - \pi/3)$ ボルトの交流を加えるとピーク値および実効値で何ボルトの交流となるか．

[13-2]　電荷 Q_0 が帯電しているキャパシター C がある．この両端をインダクタンス L に接続した場合，時刻 t での電荷を $Q(t)$ とする．
(1) L と C を含んだ回路方程式を書け．
(2) 角振動数 ω を求め，時刻 t での電荷 $Q(t)$ と電流 $I(t)$ を求めよ．
(3) 時刻 t でのキャパシターエネルギー U_C とインダクターエネルギー U_L を求めよ．
(4) $U_C + U_L$ が初期のキャパシターの電気エネルギーであることを

13-3 $R=200\,\Omega, L=0.5\,\mu\text{H}, C=2\,\mu\text{F}$ の RLC 回路で交流起電力 100 V の角周波数 ω を変えるとき，
(1) インピーダンス Z が最小になる ω の値 ω_r を求めよ．
(2) $\omega=\omega_r$ のときのインピーダンスと電流の実効値を求めよ．
(3) この回路で消費される電力の平均値はいくらか

13-4 2つの抵抗（抵抗値 R_1, R_2）と2つのインダクター（インダクタンス L_1, L_2）の図のような回路に交流電源を接続した．CD間の検流計には電流が流れない場合，$R_1/R_2=L_1/L_2$ であることを証明せよ．

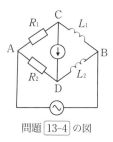

問題 13-4 の図

科学史コラム 13：オンネスと超伝導（1911 年）

電気抵抗には温度依存性があり，低温ほど抵抗が低くなることが知られていたが，極端な低温の場合の挙動は不明であった．カマリン・オンネス（Kamerlingh Onnes, 1853-1926 年，オランダの物理学者）は液体ヘリウムの液化に成功し，絶対温度 4.2 K で水銀の電気抵抗が突然ゼロになる超伝導現象を 1911 年に発見した（図）．オンネスは 1913 年には低温物理の研究でノーベル賞を受賞している．その後，反磁性（マイスナー効果），ジョセフソン効果，ピン止め効果などさまざまな超伝導現象が発見されてきた．現代では，高磁場発生用超伝導電磁石，超伝導リニア新幹線，核磁気共鳴画像法（MRI），超伝導量子干渉計（SQUID），超伝導電力貯蔵システム（SMES）など，超伝導は幅広く応用されてきている．ちなみに，電気工学関連では「超電導」の漢字が，物理学関連では「超伝導」が主に用いられる．

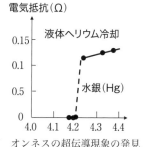

図 オンネスの超伝導現象の発見．

電磁気クイズ 13 の答 ③
（解説）電圧を V [V], 抵抗を R [Ω], 電流を I [A] とすると，電力 P [W] は $P=V^2/R=RI^2$ であり，100 V の並列接続の場合には 40 W 電球では 250 Ω で 0.4 A, 10 W 電球では 1000 Ω で 0.1 A である．直列接続では合計 1250 Ω となり，100 V では 0.08 A 流れ，250 Ω の 40 W 電球では 1.6 W，1000 Ω の 10 W 電球では 6.4 W となる．まとめると，各々の消費電力は A：40 W, B：10 W, C：1.6 W, D：6.4 W である（実際は電球はジュール熱による温度変化で抵抗値も変化するので，数値は多少変化する）．

第14章　マックスウェルの方程式と電磁波

キーポイント

14.1　変位電流 $I_d(t) \equiv A\dfrac{dD(t)}{dt}$, $j_d(t, \boldsymbol{r}) \equiv \dfrac{\partial \boldsymbol{D}(t, \boldsymbol{r})}{\partial t}$

14.2　マックスウェルの方程式 $\boldsymbol{\nabla} \cdot \boldsymbol{D} = \rho_e$, $\boldsymbol{\nabla} \cdot \boldsymbol{B} = 0$, $\boldsymbol{\nabla} \times \boldsymbol{H} = \boldsymbol{j} + \dfrac{\partial}{\partial t}\boldsymbol{D}$, $\boldsymbol{\nabla} \times \boldsymbol{E} = -\dfrac{\partial}{\partial t}\boldsymbol{B}$

14.3　電磁波，波動方程式 $\dfrac{1}{c^2}\dfrac{\partial^2}{\partial t^2}E_y = \dfrac{\partial^2}{\partial x^2}E_y$, $\dfrac{1}{c^2}\dfrac{\partial^2}{\partial t^2}B_z = \dfrac{\partial^2}{\partial x^2}B_z$, 位相速度 $c = \dfrac{1}{\sqrt{\varepsilon_0 \mu_0}}$

14.1　電磁気の発展と変位電流

(1) 電磁気学の体系化

　電磁現象の物理としては，電気に関するクーロンの法則（1785年），磁気に関するガウスの法則（磁束保存の法則），電流の磁気作用のエルステッドの法則（1820年）とアンペールの法則（1820年），そして，ファラデーの電磁誘導の法則（1831年）が確認されており，それらは，1864年にマックスウェルにより4つの電磁方程式として体系化された．特に，マックスウェルによる重要な功績には，変位電流の概念導入によりアンペールの法則を拡張したことと電磁波の存在を予言したことがあげられる．電磁波発生の実証実験は，24年後の1888年にヘルツにより行われた．

(2) 変位電流の作る磁場

　電流による磁場の生成は，閉曲面 C に関するアンペールの法則

$$\oint_C \boldsymbol{H} \cdot d\boldsymbol{\ell} = I \tag{14.1}$$

で表された．回路の途中にキャパシターがある場合（図14.1）には，キャパシターの内部を貫通する曲面を通る電流はゼロであるが，移動した電荷により電場が生成している．回路電流がゼロの場合には電場は変動しないが，電流がある場合には電場の時間変動がある．キャパシターの電荷を Q [C]，極板の面積を A [m³]，とすると，電束密度 D [C/m²] は

$$D = -\dfrac{Q}{A} \tag{14.2}$$

である．電流が流れるとキャパシターの電荷が減少するので，図14.1での電流 I の向きを正として

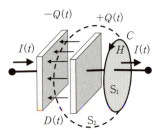

図14.1　アンペールの法則の拡張．S_1 曲面での周回積分 C では電流 $I(t)$ に比例．S_2 曲面での積分 C では電束密度 $D(t)$ の変化に比例．

$$I_d(t) = -\frac{dQ(t)}{dt} = A\frac{dD(t)}{dt} \tag{14.3}$$

であり，これを式 (14.1) に加えることでアンペールの法則を拡張できる．この $I_d(t)$ を**変位電流**（displacement current）と呼び，変位電流密度 $\boldsymbol{j}_d(t, \boldsymbol{r})$ は

$$\boldsymbol{j}_d(t, \boldsymbol{r}) = \frac{\partial \boldsymbol{D}(t, \boldsymbol{r})}{\partial t} \tag{14.4}$$

で与えられる．電場 $\boldsymbol{D}$ は時間と空間座標の関数であり，上式の微分は時間に関する偏微分（空間座標を固定して時間だけで微分）である．

> **例題 14.1** 電荷の保存則 $\frac{\partial}{\partial t}\rho_e + \boldsymbol{\nabla}\cdot\boldsymbol{j} = 0$ とマックスウェルの方程式の変位電流の方程式 $\boldsymbol{\nabla}\times\boldsymbol{H} = \boldsymbol{j} + \frac{\partial}{\partial t}\boldsymbol{D}$ との関係を説明せよ．
> （答：一般化されたアンペールの法則に $\boldsymbol{\nabla}\cdot$ の演算を考え，$\boldsymbol{\nabla}\cdot\boldsymbol{\nabla}\times\boldsymbol{H} = 0$（恒等式），$\boldsymbol{\nabla}\cdot\boldsymbol{D} = \rho_e$（ガウスの法則）を用いて $\boldsymbol{\nabla}\cdot\boldsymbol{\nabla}\times\boldsymbol{H} = \boldsymbol{\nabla}\cdot\boldsymbol{j} + \frac{\partial}{\partial t}\boldsymbol{\nabla}\cdot\boldsymbol{D} = \boldsymbol{\nabla}\cdot\boldsymbol{j} + \frac{\partial}{\partial t}\rho_e = 0$ となり，電荷保存則が得られる）

14.2 マックスウェルの方程式

電磁気に関する**マックスウェルの方程式**（Maxwell's equations）は4つの方程式で構成されており，積分形あるいは微分形で記述される．

ベクトル解析では，ベクトル $\boldsymbol{A}$ と演算子 $\boldsymbol{\nabla}$ を用いて $\boldsymbol{\nabla}\cdot\boldsymbol{A}$ は**発散**（divergence）と呼ばれ，ベクトル $\boldsymbol{A}$ の湧き出しや吸い込みを意味する．また，$\boldsymbol{\nabla}\times\boldsymbol{A}$ は**回転**（rotation）と呼ばれ，渦を表している．

(1) 電気に関するガウスの法則（クーロンの法則）

電束は電荷がある場所で発生・消滅し，それ以外の所では電束は保存される（図 14.2 (a)）．これはクーロンの法則であり，電荷に関するガウスの法則でもある．電束密度 $\boldsymbol{D}$ [C/m²] は電荷密度 ρ_e [C/m³] を用いて

$$\int_S \boldsymbol{D}\cdot d\boldsymbol{S} = \int_V \rho_e dV \tag{14.5a}$$

$$\boldsymbol{\nabla}\cdot\boldsymbol{D} = \rho_e \tag{14.5b}$$

図 14.2 電場に関するガウスの法則．$\boldsymbol{\nabla}\cdot\boldsymbol{D} = \rho_e$

と表される．ここで，積分形と微分形との変換は，ベクトル $\boldsymbol{A}$ の面積分と $\boldsymbol{\nabla}\cdot\boldsymbol{A}$ の体積積分に関するガウスの発散定理（付録 J 参照）

$$\int_S \boldsymbol{A}\cdot d\boldsymbol{S} = \int_V \boldsymbol{\nabla}\cdot\boldsymbol{A} dV$$

を用いた．

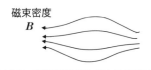

図14.3 磁場に関するガウスの法則.
$\nabla \cdot \boldsymbol{B} = 0$

(2) 磁気に関するガウスの法則（磁束保存の法則）

磁束保存の法則として知られており，磁束密度 $\boldsymbol{B}$ [Wb/m²] は

$$\int_S \boldsymbol{B} \cdot d\boldsymbol{S} = 0 \tag{14.6a}$$

$$\nabla \cdot \boldsymbol{B} = 0 \tag{14.6b}$$

である．ここで，積分形と微分形とはガウスの発散定理により変換できる．電気力線の法則と異なり，磁力線については湧き出しや吸い込みはない（図14.3）．これは，電気に関しては正または負の単独の電荷が存在するが，磁気に関してはNまたはSの単独の磁荷を取り出さないこと，あるいは，磁気単極子（モノポール）がないことに相当している．

(3) アンペール・マックスウェルの法則

電流の磁気作用はエルステッドの法則として知られており，電流と磁界強度との関係はアンペールの法則としてまとめられた．電流のほかに電束密度の変化（変位電流）によっても磁場が生成されるとする拡張が可能である．この変位電流 $\frac{\partial}{\partial t}\boldsymbol{D}$ を導入しての一般化されたアンペールの法則（アンペール・マックスウェルの法則）は，電流密度を $\boldsymbol{j}$ [A/m²]，磁界強度を $\boldsymbol{H}$ [A/m] として，

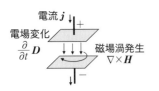

図14.4 アンペール・マックスウェルの法則.
$\nabla \times \boldsymbol{H} = \boldsymbol{j} + \frac{\partial}{\partial t}\boldsymbol{D}$

$$\oint_C \boldsymbol{H} \cdot d\boldsymbol{\ell} = \int_S \left(\boldsymbol{j} + \frac{\partial}{\partial t}\boldsymbol{D}\right) \cdot d\boldsymbol{S} \tag{14.7a}$$

$$\nabla \times \boldsymbol{H} = \boldsymbol{j} + \frac{\partial}{\partial t}\boldsymbol{D} \tag{14.7b}$$

と書ける．ここで，積分形と微分形との変換は，ベクトル $\boldsymbol{A}$ の線積分と $\nabla \times \boldsymbol{A}$ の面積分に関するストークスの回転定理（付録J参照）

$$\oint_C \boldsymbol{A} \cdot d\boldsymbol{\ell} = \int_S (\nabla \times \boldsymbol{A}) \cdot d\boldsymbol{S}$$

を用いた．式(14.7b)では電束密度 $\boldsymbol{D}$ の時間変化 $\frac{\partial}{\partial t}\boldsymbol{D}$ が，渦状の磁場の渦 $\nabla \times \boldsymbol{H}$ を生成することが表されている（図14.4）．

(4) ファラデーの電磁誘導の法則

磁束密度の変化 $\frac{\partial}{\partial t}\boldsymbol{B}$ が電場 $\boldsymbol{E}$ を生成する．これがファラデーの電磁誘導の法則であった．これを積分形と微分形とで表すと，それぞれ

$$\oint_C \boldsymbol{E} \cdot d\boldsymbol{\ell} = \int_S \left(\frac{\partial}{\partial t}\boldsymbol{B}\right) \cdot d\boldsymbol{S} \tag{14.8a}$$

$$\nabla \times \boldsymbol{E} = -\frac{\partial}{\partial t}\boldsymbol{B} \tag{14.8b}$$

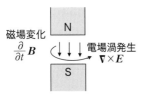

図14.5 ファラデーの電磁誘導の法則.
$\nabla \times \boldsymbol{E} = -\frac{\partial}{\partial t}\boldsymbol{B}$

となる．ここで，積分形と微分形とはストークスの回転定理により変

換した．磁場密度 B の時間変化 $\frac{\partial}{\partial t}B$ が，渦状の電場 $\nabla \times E$ を生成することが表されている（図 14.5）．

以上の 4 つがマックスウェルの方程式であるが，一様な媒質中では，電束密度 D と電場の強さ E との関係，および，磁束密度 B と磁場の強さ H との関係は，それぞれ

$$D = \varepsilon E \tag{14.9}$$
$$B = \mu H \tag{14.10}$$

である．誘電率 ε，透磁率 μ の値は，真空では ε_0, μ_0 である．

> **例題 14.2** 電磁場を規定するには E（または D）と B（または H）の 3+3=6 個の未知の成分が規定できればよい．一方，マックスウェルの方程式は ρ_e と j が与えられて，ベクトルの方程式 2 個（一般化アンペールおよび電磁誘導の法則）×3 成分，スカラーの方程式 2 個（電気および磁気に関するガウスの法則）の合計 8 個の方程式ができ，2 個の方程式が余分に思われる．これはどのように考えればよいのか説明せよ．
> （答：スカラーの 2 個の方程式 $\nabla \cdot D = \rho_e$，$\nabla \cdot B = 0$ は，ベクトルの方程式の 6 個の未知数の方程式の境界条件として用いられる）

14.3 電磁波と波動方程式

(1) 電磁波

マックスウェルの方程式に示されたように，ある空間に磁場が生まれ変動すれば式 (14.8b) により電場が生成される．電場が生まれ変化すれば式 (14.7b) により磁場が生まれる．さらに，その磁場の変動によりまた電界が生まれる．このように連鎖して伝わる波が **電磁波**（electromagnetic wave）である（図 14.6）．

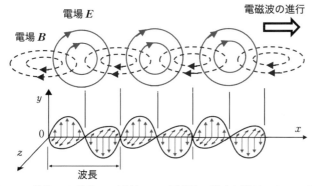

図 14.6　磁場 B と電場 E の連鎖による電磁波の発生と進行のイメージ図．

電磁波にはいろいろな種類がある．次節で述べるように，角振動数 $\omega = 2\pi f$（f は振動数 [Hz]）と角波数 $k = 2\pi/\lambda$（λ は波長 [m]）で表され

る電磁波の位相速度 c は一定（$c=\omega/k=\lambda f$）であり，この波長または周波数により電波，赤外線，可視光線，紫外線，X 線，γ 線に分類できる（図 14.7）．ここで，波長の単位として $1\,\mathrm{nm}=10^{-9}\,\mathrm{m}$，周波数の単位として $1\,\mathrm{THz}=10^{12}\,\mathrm{Hz}=10^{12}\,\mathrm{s}^{-1}$ を用いた．電波は，音声，長波，中波，短波，超短波，マイクロ波のように波長の長い波から短い波（周波数の小さい波から大きい波）に順に並べられる．例えば，電子レンジの電磁波はマイクロ波である．赤外線は波長領域 750 nm–1 mm（400–3 THz）で赤外線ヒーターがある．可視光線は 400–750 nm（750–400 THz）で太陽光の主要部である．紫外線の波長は 10 nm–400 nm（30,000–750 THz）であり，医療撮影に用いる X 線，そして γ 線がある．

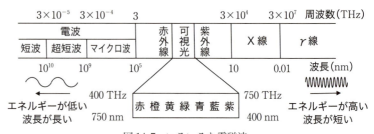

図 14.7　いろいろな電磁波．周波数または波長で分類される．

(2) 波動方程式

真空中でのマックスウェル方程式は以下のようにまとめることができる．

$$\boldsymbol{\nabla}\cdot\boldsymbol{E}=\frac{\rho_\mathrm{e}}{\varepsilon_0} \tag{14.11a}$$

$$\boldsymbol{\nabla}\cdot\boldsymbol{B}=0 \tag{14.11b}$$

$$\boldsymbol{\nabla}\times\boldsymbol{B}=\mu_0\boldsymbol{j}+\varepsilon_0\mu_0\frac{\partial}{\partial t}\boldsymbol{E} \tag{14.11c}$$

$$\boldsymbol{\nabla}\times\boldsymbol{E}=-\frac{\partial}{\partial t}\boldsymbol{B} \tag{14.11d}$$

特に，以下では電荷密度 ρ_e や電流密度 $\boldsymbol{j}$ がゼロの場合を考える．式（14.11d）と式（14.11c）の 2 つの式のローテーション（$\boldsymbol{\nabla}\times$）の演算を考え，

$$\boldsymbol{\nabla}\times\boldsymbol{\nabla}\times\boldsymbol{A}=\boldsymbol{\nabla}(\boldsymbol{\nabla}\cdot\boldsymbol{A})-\boldsymbol{\nabla}\cdot\boldsymbol{\nabla}\boldsymbol{A}$$

の公式を利用し，かつ $\boldsymbol{\nabla}\cdot\boldsymbol{E}=0, \boldsymbol{\nabla}\cdot\boldsymbol{B}=0$ を用いて

$$\boldsymbol{\nabla}\cdot\boldsymbol{\nabla}\boldsymbol{E}=-\frac{\partial}{\partial t}\boldsymbol{\nabla}\times\boldsymbol{B}=\varepsilon_0\mu_0\frac{\partial^2}{\partial t^2}\boldsymbol{E} \tag{14.12a}$$

$$\boldsymbol{\nabla}\cdot\boldsymbol{\nabla}\boldsymbol{B}=-\varepsilon_0\mu_0\frac{\partial}{\partial t}\boldsymbol{\nabla}\times\boldsymbol{E}=\varepsilon_0\mu_0\frac{\partial^2}{\partial t^2}\boldsymbol{B} \tag{14.12b}$$

が得られる．この偏微分方程式は，電場および磁場の**波動方程式** (wave equation) である．特に，x 方向に伝播する 1 次元平面波の場合には，

$$\boldsymbol{E} = (0, E_y(x, t), 0)$$
$$\boldsymbol{B} = (0, 0, B_z(x, t))$$

として

$$\frac{\partial}{\partial x} E_y = -\frac{\partial}{\partial t} B_z \tag{14.13a}$$

$$-\frac{1}{c^2} \frac{\partial}{\partial x} B_z = \frac{\partial}{\partial t} E_y \tag{14.13b}$$

$$c^2 = \frac{1}{\varepsilon_0 \mu_0} \tag{14.13c}$$

より

$$\frac{1}{c^2} \frac{\partial^2}{\partial t^2} E_y = \frac{\partial^2}{\partial x^2} E_y \tag{14.14a}$$

$$\frac{1}{c^2} \frac{\partial^2}{\partial t^2} B_z = \frac{\partial^2}{\partial x^2} B_z \tag{14.14b}$$

となる．この解は

$$E_y = E_0 \sin(kx - \omega t + \delta) \tag{14.15a}$$
$$B_z = B_0 \sin(kx - \omega t + \delta) \tag{14.15b}$$

$$\frac{\omega}{k} = c = \frac{E_0}{B_0} \tag{14.15c}$$

となる．ここで，E_0 と B_0 は電場と磁場の波の振幅，k は波数，ω は角振動数，δ は初期位相である．この波の位相速度は c であり，真空中では

$$c = \frac{1}{\sqrt{\varepsilon_0 \mu_0}} = 2.99792458 \times 10^8 \, \text{m/s}$$

であり，MKSA 国際単位系での長さの単位の定義に用いられる光の速度の定義値でもある．

例題 14.3 x 方向に進行する電磁波の y 方向電場の強さが $E_y = E_0 \sin(kx - \omega t)$ であるとき，z 方向の磁場成分はどうなるか．また，電場のエネルギー密度と磁場のエネルギー密度の大小を比較せよ．

（答：光の速度を c として，z 方向の磁束密度は $B_z = \dfrac{E_0}{c} \sin(kx - \omega t)$．電場および磁場のエネルギー密度は，それぞれ，$u_{\text{e}} = \dfrac{\varepsilon_0}{2} E_0{}^2$, $u_{\text{m}} = \dfrac{1}{2\mu_0} \left(\dfrac{E_0}{c} \right)^2$，したがって $u_{\text{e}} = u_{\text{m}}$）

電磁気クイズ14：電子レンジの波長は？（4択問題）

マイクロ・ウェーブと呼ばれている電子レンジの電磁波（2.45 GHz）の波長はどれだけか？
① 10 µm　サブミリ波領域
② 1 mm　　ミリ波領域
③ 10 cm　　センチメートル波領域
④ 1 m　　　メートル波（超短波）領域

電子レンジ

 ブレイク14：電磁砲とステルス戦闘機
　　　　　（映画「イレイザー」，「ステルス」）

　アーノルド・シュワルツネッガー主演の映画「イレイザー」（1996年，チャック・ラッセル監督）では，最新鋭の兵器の国外持ち出しを企む軍需産業の告発に踏み切った女性職員を守るために，その女性の死を演出し過去を消去することを請け負うプロの仕事人が登場する．映画の中の最新ハイテク兵器は電磁力を利用する未来の小型電磁加速砲（EM砲，レールガン）である．大型電磁加速砲は従来型の火砲に比べて，射程，威力が大幅に向上される革新的な技術であり，日本の自衛隊の護衛艦にも搭載が計画され，開発されてきている．
　一方，レーダーで探知されない戦闘機（ステルス戦闘機，科学史コラム14）も軍事作戦で重要であり，米国映画「ステルス」（2005年，監督ロブ・コーエン）では近未来の人工知能搭載の無人戦闘機 E.D.I（エディ）が落雷の事故後に暴走する物語である．ステルス性能，自動飛行，空中給油，核融合爆弾などの高度技術がこの映画の話題として取り入れられている．

図　ステルス戦闘機と電磁砲．

 第14章　演習問題

14-1　図のような極板の間隔 d で半径 a の円形の平行板キャパシターを充電し，電荷のたまった極板間を導線でつないで放電させたとき，時刻 t においてキャパシターの電圧は $V(t)$ となり電流 $I(t)$ が流れた．
(1) 端の効果が無視できるとして，極板間の空間に生じる一様な変位電流密度 $j_d(t)$ を $dV(t)/dt$ または $I(t)$ の関数として求めよ．さらに，$I(t)$ を $V(t)$ の関数として求めよ．
(2) 極板間の空間に生じる磁束密度 $B(r,t)$ を求めよ．ここで，r は図のように中心軸からの半径である．

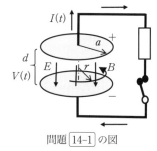
問題 14-1 の図

14-2 伝導率 σ の物質に角振動数 ω の振動電場 $E(t)=E_0\cos\omega t$ を加えた．
(1) 伝導電流密度と変位電流密度を求めよ．
(2) 伝導電流密度の最大値と変位電流密度の最大値との比を求めよ．
(3) 50 Hz (=50 s^{-1}) の振動電場に対して，銅とガラスの上記 (2) の比を各々求めよ．ただし，銅では $\sigma=6\times10^7\,\Omega^{-1}\cdot\mathrm{m}^{-1}$，ガラスでは $\sigma=10^{-15}\,\Omega^{-1}\cdot\mathrm{m}^{-1}$ とせよ．

14-3 ビーム直径 2 mm の 1 mW レーザーポインターがある．この光のビームの電場の強さ，および磁束密度を求めよ．

14-4 電荷の分布が空間座標 r によらず一様で，誘電率 ε，透磁率 μ，電気伝導率 σ も一様な物質を考える．この物質中の電場 $E(r,t)$ ならびに磁場 $B(r,t)$ に対し，

$$\nabla\cdot\nabla E-\varepsilon\mu\frac{\partial^2}{\partial t^2}E-\mu\sigma\frac{\partial}{\partial t}E=0$$

$$\nabla\cdot\nabla B-\varepsilon\mu\frac{\partial^2}{\partial t^2}B-\mu\sigma\frac{\partial}{\partial t}B=0$$

が成り立つことを，マックスウェルの方程式 (14.11a) 〜 (14.11d) から導け．この式は「電信方程式」と呼ばれる．

科学史コラム 14：ヘルツの電磁波（1887 年）と
　　　　　　　　国産ステルス戦闘機 X2（2016 年）

　電磁波は電場と磁場が相互に発生しながら伝わる波である．送電線や電磁設備のまわりには日常的に電磁波が発生している．この電磁波の存在を理論的に予言しのはジェームス・クラーク・マックスウェル (James Clerk Maxwell, 1831-1879 年，イギリス) である．その後，1887 年にハインリヒ・ヘルツ (Heinrich Rudolf Hertz, 1857-1894 年，ドイツの物理学者) が電磁波の人工的な発生と検出の実験を行い，電磁波の存在を立証した．
　電波や光も電磁波の 1 種であり，さまざまな情報伝達に用いられる．電波を発射してその反射波を測定してその物体までの方向と距離を検知するレーダー (Radio Detecting and Ranging, 電波探知測距) 装置があるが，検知されにくいステルス戦闘機も開発されてきている．日本では国産初のステルス実証機「X2」の初飛行が 2016 年に行われた．光に関しても負の屈折率をもつ「メタマテリアル」の開発も世界的に進められており，映画ハリーポッターでの「透明マント」の実現も可能になるかもしれない．

電磁気クイズ 14 の答　③
（解説）波長 $\lambda=$光速 $c/$周波数 $f=3\times10^8/(2.45\times10^9)$
　　　　　　$=1.2\times10^{-1}$ m $=12$ cm．

マイクロ波とは，周波数は 300 MHz から 300 GHz 程度，波長は 1 m から 1 mm 程度である．ここでは，「小さい」との意味での「マイクロ，ミクロ」であり，「マイクロメーター (10^{-6} m)」の意味ではない．

電子レンジ前面の電磁波遮断メッシュの間隔は数 mm であることからも，波長が数 cm であることが類推できる．

付録

A. 物理定数

名称	記号	数値	単位
〈重力と電磁気〉			
重力加速度（標準）	g	9.80665	m/s^2
万有引力定数	G	6.6741×10^{-11}	Nm^2/kg^2
真空中の光速（定義）	c	2.99792458×10^8	m/s
真空の誘電率（定義）	$\varepsilon_0 = \dfrac{1}{\mu_0 c^2}$	8.8542×10^{-12}	F/m
真空の透磁率（定義）	$\mu_0 = 4\pi \times 10^{-7}$	1.2566×10^{-6}	H/m
〈気体〉			
アボガドロ数	N_A	6.0221×10^{23}	/mol
ボルツマン定数	k_B	1.3806×10^{-23}	J/K
ファラデー定数	$F = N_A e$	9.6485×10^4	C/mol
1モルの気体定数	$R = N_A k_B$	8.3145	J/(mol·K)
理想気体の体積	V_0	2.2414×10^{-2}	m^3/mol
〈原子〉			
電子の電荷	e	1.6022×10^{-19}	C
電子の質量	m_e	9.1094×10^{-31}	kg
陽子の質量	m_p	1.6726×10^{-27}	kg
中性子の質量	m_n	1.6749×10^{-27}	kg
電子の半径	r_e	2.8179×10^{-15}	m
プランク定数	h	6.6261×10^{-34}	J·s
換算プランク定数	$\hbar$	1.0546×10^{-34}	J·s
電子の比電荷	$\dfrac{e}{m_e}$	1.7588×10^{11}	C/kg
量子電荷比	$\dfrac{h}{e}$	4.1356×10^{-13}	J·s/C
1原子量の質量	$m_u = 1u$	1.6605×10^{-27}	kg
ボーア半径	$a_0 = \dfrac{4\pi\varepsilon_0 \hbar^2}{m_e e^2}$	5.2918×10^{-11}	m
電子の静止エネルギー	$m_e c^2$	0.5110	MeV
陽子の静止エネルギー	$m_p c^2$	0.9383	GeV
電子のコンプトン波長	$\lambda_c = \dfrac{h}{m_e c}$	2.4263×10^{-12}	m

距離：天文単位　　　 1 AU $= 1.4960 \times 10^{11}$ m　（地球と太陽との距離）
　　　　光年　　　　 1 ly $= 9.4607 \times 10^{15}$ m　（光が1年に進む距離）
熱量：カロリー（熱力学）　1 cal $= 4.184$ J　（熱の仕事当量）
エネルギー：電子ボルト　　1 eV $= 1.6022 \times 10^{-19}$ J　（電子が1V電圧で加速されるエネルギー）

B. SI 単位系（国際単位系）：基本単位（7つ）と補助単位（2つ）

（SI：仏語 Le Système International d'Unités）

量	名称	記号
〈基本単位〉		
長さ	メートル	m
質量	キログラム	kg
時間	秒	s
電流	アンペア	A
温度	ケルビン	K
物質量	モ　ル	mol
光度	カンデラ	cd
〈補助単位〉		
角	ラジアン	rad
立体角	ステラジアン	sr

C. 電磁気関連の物理量と単位

物理記号	単位記号	読み方	MKSA 基本単位	物理量
I	A	アンペア	A（SI 単位系）	電流
Q	C	クーロン	$A \cdot s$	電荷（電気量）
V	V＝J/C	ボルト	$kg \cdot m^2 \cdot s^{-3} \cdot A^{-1}$	電圧，電位
P	W＝V·A	ワット	$kg \cdot m^2 \cdot s^{-3}$	電力，放射束
R, Z, X	Ω＝V/A	オーム	$kg \cdot m^2 \cdot s^{-3} \cdot A^{-2}$	電気抵抗，インピーダンス，リアクタンス
G, Y, B	S＝℧	ジーメンス	$kg^{-1} \cdot m^{-2} \cdot s^3 \cdot A^2$	コンダクタンス，アドミタンス，サセプタンス
ρ	Ω·m	オーム・メートル	$kg \cdot m^3 \cdot s^{-3} \cdot A^{-2}$	電気抵抗率
σ	S/m	ジーメンス毎メートル	$kg^{-1} \cdot m^{-3} \cdot s^3 \cdot A^2$	電気伝導率（電気伝導度・導電率）
C	F＝C/V	ファラッド	$kg^{-1} \cdot m^{-2} \cdot A^2 \cdot s^4$	静電容量（キャパシタンス）
L	H＝Wb/A	ヘンリー	$kg \cdot m^2 \cdot s^{-2} \cdot A^{-2}$	インダクタンス
ε	F/m	ファラッド毎メートル	$kg^{-1} \cdot m^{-3} \cdot A^2 \cdot s^4$	誘電率
μ	H/m	ヘンリー毎メートル	$kg \cdot m \cdot s^{-2} \cdot A^{-2}$	透磁率
E	V/m	ボルト毎メートル	$kg \cdot m \cdot s^{-3} \cdot A^{-1}$	電場の強さ（電界強度）
D	C/m²	クーロン毎平方メートル	$m^{-2} \cdot A \cdot s$	電束密度
Φ	Wb＝V·s	ウェーバー	$kg \cdot m^2 \cdot s^{-2} \cdot A^{-1}$	磁束
B	T＝Wb/m²	テスラ	$kg \cdot s^{-2} \cdot A^{-1}$	磁束密度
H	A/m	アンペア毎メートル	$m^{-1} \cdot A$	磁場の強さ（磁界強度）
I	A	アンペア回数	A	起磁力

D. 単位系の接頭語

記号	読み方	大きさ
Y	ヨタ（yotta）	10^{24}
Z	ゼタ（zetta）	10^{21}
E	エクサ（exa）	10^{18}
P	ペタ（peta）	10^{15}
T	テラ（tera）	10^{12}
G	ギガ（giga）	10^{9}
M	メガ（mega）	10^{6}
k	キロ（kilo）	10^{3}
h	ヘクト（hector）	10^{2}
da	デカ（deca）	10^{1}

記号	読み方	大きさ
d	デシ（deci）	10^{-1}
c	センチ（centi）	10^{-2}
m	ミリ（milli）	10^{-3}
μ	マイクロ（micro）	10^{-6}
n	ナノ（nano）	10^{-9}
p	ピコ（pico）	10^{-12}
f	フェムト（femto）	10^{-15}
a	アト（atto）	10^{-18}
z	ゼプト（zepto）	10^{-21}
y	ヨクト（yocto）	10^{-24}

E. ギリシャ文字一覧

記号	読み方	記号	読み方
A, α	アルファ	N, ν	ニュー
B, β	ベータ	Ξ, ξ	グザイ（クシー，クサイ）
Γ, γ	ガンマ	O, o	オミクロン
Δ, δ	デルタ	Π, π	パイ
E, ε	イプシロン	P, ρ	ロー
Z, ζ	ゼータ	Σ, σ	シグマ
H, η	イータ（エータ）	T, τ	タウ
Θ, θ	シータ（テータ）	Y, υ	ウプシロン（ユプシロン）
I, ι	イオタ	Φ, φ	ファイ
K, κ	カッパ	X, χ	カイ
Λ, λ	ラムダ	Ψ, ψ	プサイ
M, μ	ミュー	Ω, ω	オメガ

F. ベクトル公式

太字 A, B, C はベクトル, 細字 a, b はスカラーを表す.

ベクトルの成分表示
$$A = (A_x, A_y, A_z) = A_x\mathbf{i} + A_y\mathbf{j} + A_z\mathbf{k}$$

ここで, $\mathbf{i}, \mathbf{j}, \mathbf{k}$, は x 軸, y 軸, z 軸の単位ベクトル. これを基本ベクトルといい, $\mathbf{e}_x, \mathbf{e}_y, \mathbf{e}_z$ とも書く.

内積(スカラー積)

$\boldsymbol{A} \cdot \boldsymbol{B} = |\boldsymbol{A}||\boldsymbol{B}|\cos\theta = A_x B_x + A_y B_y + A_z B_z$ (意味:投射した長さの積, 力と変位に対する仕事(エネルギー))

$\boldsymbol{A} \cdot \boldsymbol{B} = \boldsymbol{B} \cdot \boldsymbol{A}$ (交換則)
$a(\boldsymbol{A} \cdot \boldsymbol{B}) = (a\boldsymbol{A}) \cdot \boldsymbol{B} = \boldsymbol{A} \cdot (a\boldsymbol{B})$ (結合則)
$\boldsymbol{A} \cdot (\boldsymbol{B} + \boldsymbol{C}) = \boldsymbol{A} \cdot \boldsymbol{B} + \boldsymbol{A} \cdot \boldsymbol{C}$ (分配則)

外積(ベクトル積)

$|\boldsymbol{A} \times \boldsymbol{B}| = |\boldsymbol{A}||\boldsymbol{B}|\sin\theta$ (意味:大きさは平行四辺形の面積)
$\boldsymbol{A} \times \boldsymbol{B} = (A_y B_z - A_z B_y, \ A_z B_x - A_x B_z, \ A_x B_y - A_y B_x)$
$\boldsymbol{A} \times \boldsymbol{B} = -\boldsymbol{B} \times \boldsymbol{A}$ (交換則は成り立たない)
$a(\boldsymbol{A} \times \boldsymbol{B}) = (a\boldsymbol{A}) \times \boldsymbol{B} = \boldsymbol{A} \times (a\boldsymbol{B})$ (結合則)
$\boldsymbol{A} \times (\boldsymbol{B} + \boldsymbol{C}) = \boldsymbol{A} \times \boldsymbol{B} + \boldsymbol{A} \times \boldsymbol{C}$ (分配則)

$$\boldsymbol{A} \times \boldsymbol{B} = \begin{vmatrix} \boldsymbol{e}_x & \boldsymbol{e}_y & \boldsymbol{e}_z \\ A_x & A_y & A_z \\ B_x & B_y & B_z \end{vmatrix}$$

公式

$\boldsymbol{A} \cdot (\boldsymbol{B} \times \boldsymbol{C}) = \boldsymbol{B} \cdot (\boldsymbol{C} \times \boldsymbol{A}) = \boldsymbol{C} \cdot (\boldsymbol{A} \times \boldsymbol{B}) \equiv [\boldsymbol{ABC}]$ (スカラー三重積,
$\boldsymbol{A} \cdot (\boldsymbol{B} \times \boldsymbol{C}) = (\boldsymbol{A} \times \boldsymbol{B}) \cdot \boldsymbol{C}$ 意味:平行六面体の体積)

$\boldsymbol{A} \times (\boldsymbol{B} \times \boldsymbol{C}) = (\boldsymbol{A} \cdot \boldsymbol{C})\boldsymbol{B} - (\boldsymbol{A} \cdot \boldsymbol{B})\boldsymbol{C}$ (ベクトル三重積)
$\boldsymbol{A} \times (\boldsymbol{B} \times \boldsymbol{C}) + \boldsymbol{B} \times (\boldsymbol{C} \times \boldsymbol{A}) + \boldsymbol{C} \times (\boldsymbol{A} \times \boldsymbol{B}) = 0$ (ヤコビの恒等式)

G. 三角関数

定義(右図参照)

$\sin\theta = y/r, \ \cos\theta = x/r, \ \tan\theta = \sin\theta/\cos\theta = y/x$
$\sin^2\theta + \cos^2\theta = 1$ (三平方の定理)
$\sin(-\theta) = -\sin\theta$ (奇関数)
$\cos(-\theta) = \cos\theta$ (偶関数)

加法定理

$\sin(\theta + \varphi) = \sin\theta\cos\varphi + \cos\theta\sin\varphi$
$\cos(\theta + \varphi) = \cos\theta\cos\varphi - \sin\theta\sin\varphi$

倍角公式

$\sin 2\theta = 2\sin\theta\cos\theta, \quad \cos 2\theta = \cos^2\theta - \sin^2\theta = 2\cos^2\theta - 1$

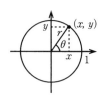

図 三角関数.
$x = r\cos\theta$
$y = r\sin\theta$

半角公式

$$\sin^2\frac{\theta}{2}=\frac{1-\cos\theta}{2}, \quad \cos^2\frac{\theta}{2}=\frac{1+\cos\theta}{2}$$

H. 指数関数，対数関数，複素数

$y = e^x$ 　　　　（指数関数）

$x = \log_e y = \ln y$ 　　（自然対数関数）

$a^0 = 1, \quad a^{m+n} = a^m a^n, \quad a^{-n} = 1/a^n$

$\log 1 = 0, \quad \log(AB) = \log A + \log B, \quad \log(A^n) = n \log A$

$\log_a b = (\log b)/(\log a)$

$e = \lim_{n\to\infty}\left(1+\frac{1}{n}\right)^n = \lim_{x\to 0}(1+x)^{\frac{1}{x}} = 2.71828\cdots$

　　　（自然対数の底（「てい」と読む），ネイピア数）

$e^x = \sum_{n=0}^{\infty}\frac{x^n}{n!}, \quad 0! = 1$

$\cos x = \sum_{n=0}^{\infty}\frac{(-1)^n}{(2n)!}x^{2n}, \quad \sin x = \sum_{n=0}^{\infty}\frac{(-1)^n}{(2n+1)!}x^{2n+1}$

複素数表示（$a+bi$；a, b は実数，i は虚数単位，$i^2 = -1$）を用いると

オイラーの公式

$e^{i\theta} = \cos\theta + i\sin\theta$

オイラーの等式

$e^{i\pi} + 1 = 0$

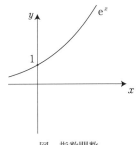

図　指数関数．

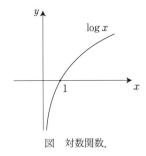

図　対数関数．

I. 微分・積分

微分の定義（意味：関数の接線の傾き）

$$\frac{df(x)}{dx} = \lim_{\Delta x \to 0}\frac{f(x+\Delta x)-f(x)}{\Delta x}$$

積分の定義（意味：関数と x 軸との間の正負を考慮した総面積）

$$\int_{x_1}^{x_2}f(x)dx = \lim_{n\to\infty}\sum_{k=0}^{n}f(x_k)\Delta x$$

ここで，$x_k = x_1 + k\Delta x, \Delta x = (x_2 - x_1)/n$ である．

$\frac{dF(x)}{dt} = f(x)$ となる関数 $F(x)$ を $f(x)$ の原始関数といい，$f(x)$ を $F(x)$ の導関数という．

98　付録

初等関数の微分・積分

関数 $y(x)$	導関数 $\dfrac{\mathrm{d}y}{\mathrm{d}x}$	原始関数 $\displaystyle\int y\,\mathrm{d}x$
x^n	nx^{n-1}	$\left(\dfrac{1}{n+1}\right)x^{n+1}+C\ (n\neq-1)$
$\sin x$	$\cos x$	$-\cos x+C$
$\cos x$	$-\sin x$	$\sin x+C$
$\tan x$	$\dfrac{1}{\cos^2 x}$	$-\log|\cos x|+C$
e^x	e^x	e^x+C
$\log x$	$\dfrac{1}{x}$	$x\log x-x+C$
$\dfrac{1}{x}$	$-\dfrac{1}{x^2}$	$\log|x|+C\ (*)$

（＊）複素数に拡張して $\displaystyle\int\dfrac{1}{x}\,\mathrm{d}x=\log x+C$ として絶対値記号を略してもよい.

　この場合には，積分定数 C も複素数と考える. オイラーの等式（前頁）から

$$\log(-1)=\mathrm{i}(2n+1)\pi\quad(n：整数)$$

であることがわかる.

微分公式

$$\frac{\mathrm{d}}{\mathrm{d}x}(af+bg)=a\frac{\mathrm{d}f}{\mathrm{d}x}+b\frac{\mathrm{d}g}{\mathrm{d}x}\qquad f=f(x),\ g=g(x)$$

$$\frac{\mathrm{d}}{\mathrm{d}x}(fg)=f\frac{\mathrm{d}g}{\mathrm{d}x}+\frac{\mathrm{d}f}{\mathrm{d}x}g\qquad f=f(x),\ g=g(x)\qquad（積の微分）$$

$$\frac{\mathrm{d}z}{\mathrm{d}x}=\frac{\mathrm{d}z}{\mathrm{d}y}\frac{\mathrm{d}y}{\mathrm{d}x}\qquad z=z(y),\ y=y(x)\qquad（合成関数の微分）$$

ただし，a と b は定数とする.

積分公式

$$\int(af+bg)\,\mathrm{d}x=a\int f\,\mathrm{d}x+b\int g\,\mathrm{d}x\qquad f=f(x),\ g=g(x)$$

$$\int f\frac{\mathrm{d}g}{\mathrm{d}x}\,\mathrm{d}x=fg-\int\frac{\mathrm{d}f}{\mathrm{d}x}g\,\mathrm{d}x\qquad f=f(x),\ g=g(x)\qquad（部分積分）$$

$$\int y(x)\,\mathrm{d}x=\int y(x(t))\frac{\mathrm{d}x(t)}{\mathrm{d}t}\,\mathrm{d}t\qquad y=y(x),\ x=x(t)\qquad（置換積分）$$

ただし，a と b は定数とする.

ベクトル微分公式

$$\boldsymbol{\nabla}=\left(\frac{\partial}{\partial x},\frac{\partial}{\partial y},\frac{\partial}{\partial z}\right)$$

以下，φ,ψ はスカラー，$\boldsymbol{A},\boldsymbol{B}$ はベクトルとする.

勾配（グラディエント）　$\boldsymbol{\nabla}$ または **grad**

$$\boldsymbol{\nabla}(\varphi\psi)=(\boldsymbol{\nabla}\varphi)\psi+\varphi\boldsymbol{\nabla}\psi$$

$$\boldsymbol{\nabla}(\boldsymbol{A}\cdot\boldsymbol{B})=(\boldsymbol{B}\cdot\boldsymbol{\nabla})\boldsymbol{A}+(\boldsymbol{A}\cdot\boldsymbol{\nabla})\boldsymbol{B}+\boldsymbol{B}\times(\boldsymbol{\nabla}\times\boldsymbol{A})+\boldsymbol{A}\times(\boldsymbol{\nabla}\times\boldsymbol{B})$$

発散（ダイバージェンス）　$\boldsymbol{\nabla}\cdot$ または **div**

$$\boldsymbol{\nabla}\cdot(\varphi\boldsymbol{A})=(\boldsymbol{\nabla}\varphi)\cdot\boldsymbol{A}+\varphi(\boldsymbol{\nabla}\cdot\boldsymbol{A})$$

$$\boldsymbol{\nabla}\cdot(\boldsymbol{A}\times\boldsymbol{B})=\boldsymbol{B}\cdot(\boldsymbol{\nabla}\times\boldsymbol{A})+\boldsymbol{A}\cdot(\boldsymbol{\nabla}\times\boldsymbol{B})$$

$$\nabla \cdot (\nabla \times A) = 0$$

回転（ローテーション）　$\nabla \times$ または rot

$$\nabla \times (\varphi A) = (\nabla \varphi) \times A + \varphi (\nabla \times A)$$

$$\nabla \times (A \times B) = (B \cdot \nabla)A - B(\nabla \cdot A) - (A \cdot \nabla)B + A(\nabla \cdot B)$$

$$\nabla \times (\nabla \varphi) = 0$$

$$\nabla \times (\nabla \times A) = \nabla(\nabla \cdot A) - \nabla^2 A$$

J. ガウスの定理とストークスの定理

ガウスの発散定理

「閉曲面 S で囲まれた領域 V でのベクトル場 A の発散の体積分が閉曲面 S 上でのベクトル場 A の面積分に等しい」

$$\int_V \mathbf{div}A\,\mathrm{d}V = \int_S A \cdot \mathrm{d}S$$

ここで，曲面 S に垂直な面素ベクトルを $\mathrm{d}S$ とした．

ストークスの回転定理

「閉曲線 C を境界とする曲面 S 上でのベクトル場 A の回転の面積分が閉曲線 C 上でのベクトル場 A の線積分に等しい」

$$\int_S \mathbf{rot}\,A \cdot \mathrm{d}S = \int_C A \cdot \mathrm{d}\ell$$

ここで，曲面 C の方向の線素ベクトルを $\mathrm{d}\ell$ とした．

演習問題 解答例

第1章

1-1 $(2/3)e+(-1/3)e=(1/3)e$
(参考) π 中間子には，π^0, π^+, π^- の3種類ある．

1-2 (a) 金属板に正の電荷が誘導され，負電荷が箔に残り，箔が開く．
(b) 正の電荷は金属板にとどまるが，負の電荷が手を通って大地へ逃げて箔の部分は電荷がゼロとなり，箔は閉じる．
(c) 手を離し帯電棒を遠ざけると，箔検電器に残っていた正の電荷が箔を含めた全体に広がり，箔は開く．
(d) 正の電荷が金属板に集まり，箔は閉じる．
(e) 金属板に負電荷が集まり，箔には多くの正電荷が集まるので，箔が前よりも大きく開く．

1-3 帯電していない2個の導体を接触させ，片方の導体に帯電体を近づけると，静電誘導で近くの導体に負電荷が，他方の遠くの導体に正電荷が誘導されるので，その状態で2つの導体を切り離す．

1-4 違いは生じない．
(参考) 電荷の正と負は，雷の実験からフランクリンにより定められたとされる．電荷には異なる2種類があることが本質的であり，どちらを「正」の電荷と呼ぶのかは本質的ではない．

第2章

2-1 直角の頂点の電荷と1 cm 離れている電荷との静電斥力は $F_1=9.0\times10^9\times(10^{-6})^2/(0.01)^2=90$ N，2 cm 離れているもう一方の電荷との斥力は $F_2=9.0\times10^9\times(10^{-6})^2/(0.02)^2=22.5$ N であり，ベクトルの合成を考えて $\sqrt{F_1^2+F_2^2}=\sqrt{8606}=92.8$ N．

2-2 (1) 接触前：引力，接触後：斥力．
(2) 電荷保存則から $8+(-2)=6$ μC で A, B 同電荷でともに 3 μC．
(3) 接触前：$F=9.0\times10^9\times8\times(-2)\times(10^{-6})^2/0.1^2=-14.4$ N
  接触後：$F=9.0\times10^9\times3\times3\times(10^{-6})^2/0.1^2=8.1$ N
  ゆえに，接触前の力の大きさ ＞ 接触後の力の大きさ．

2-3 (1) 接触前：斥力，接触後：斥力．
(2) 電荷保存則から $8+2=10$ μC で A, B 同電荷でともに 5 μC．
(3) 接触前：$F=9.0\times10^9\times8\times2\times(10^{-6})^2/0.1^2=14.4$ N
  接触後：$F=9.0\times10^9\times5\times5\times(10^{-6})^2/0.1^2=22.5$ N
  ゆえに，接触前の力の大きさ ＜ 接触後の力の大きさ．

2-4 (1) $\boldsymbol{F}_{A\leftarrow B}=(-q^2/(4\pi\varepsilon_0 a^2),0)$，大きさ $q^2/(4\pi\varepsilon_0 a^2)$，$x$ 軸負の方向．
(2) $\boldsymbol{F}_{A\leftarrow C}=(0,q^2/(4\pi\varepsilon_0 a^2))=(0,f)$，大きさ f，y 軸正の方向．
(3) $\boldsymbol{F}_A=(-q^2/(4\pi\varepsilon_0 a^2),q^2/(4\pi\varepsilon_0 a^2))=(-f,f)$，大きさは $\sqrt{2}f$，x 軸から $135°$ の方向．
(4) $\boldsymbol{F}_{B\leftarrow A}=-\boldsymbol{F}_{A\leftarrow B}=(f,0)$，$|\boldsymbol{F}_{B\leftarrow C}|=f/2$ なので $\boldsymbol{F}_{B\leftarrow C}=((-\sqrt{2}/4)f,(\sqrt{2}/4)f)$，したがって $\boldsymbol{F}_B=\boldsymbol{F}_{B\leftarrow A}+\boldsymbol{F}_{B\leftarrow C}$ より $\boldsymbol{F}_B=((1-\sqrt{2}/4)f,(\sqrt{2}/4)f)$，$|\boldsymbol{F}_B|=(1/4)\sqrt{(4-\sqrt{2})^2+(\sqrt{2})^2}f=(1/2)\sqrt{5-2\sqrt{2}}f$．
(5) $\boldsymbol{F}_C=((\sqrt{2}/4)f,(-1-\sqrt{2}/4)f)$，$|\boldsymbol{F}_C|=(1/2)\sqrt{5+2\sqrt{2}}f$
(6) $\boldsymbol{F}_A+\boldsymbol{F}_B+\boldsymbol{F}_C=(-f+(1-\sqrt{2}/4)f+(\sqrt{2}/4)f,\ f+(\sqrt{2}/4)f+(-1-\sqrt{2}/4)f)=(0,0)$

第3章

3-1 点Pの位置を x $(0<x<5)$ として，電荷Aによる点Pでの電場 E_A は $E_A=4/(4\pi\varepsilon_0 x^2)>0$，電荷Bによる電場 E_B は $E_B=-9/[4\pi\varepsilon_0(5-x)^2]<0$，$E_A+E_B=0$ より $4/x^2-9/(5-x)^2=0$ となり $(x-2)(x+10)=0$．
(答) $x=2$

3-2

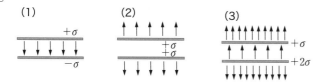

3-3 (1) $A>B>C$　(2)〜(5)

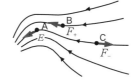

3-4 (1) S_1内の電荷 Q_1 は $Q_1=5-2=3$ C なので，ガウスの法則から電気力線の本数 N は $N=Q_1/\varepsilon_0=3/(8.85\times10^{-12})=3.4\times10^{11}$．合計 3.4×10^{11} 本．

(2) S_2内の電荷は $Q_2=5-2-3=0$ C なので，ガウスの法則から電気力線の合計本数はゼロ．

第4章

4-1

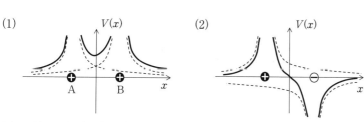

(3) $E(0)=k_0(q_A/0.1^2-q_B/0.1^2)$，$V(0)=k_0(q_A/0.1+q_B/0.1)$，$k_0=9.0\times10^9$ Fm^2/C^2
(1) の場合：$q_A=q_B=2.0\times10^{-6}$ C，$E(0)=0$ V/m，$V(0)=3.6\times10^5$ V
(2) の場合：$q_A=-q_B=2.0\times10^{-6}$ C，$E(0)=3.6\times10^6$ V/m，$V(0)=0$ V

4-2 $E=Q/(4\pi\varepsilon_0 r^2)$，$V=Q/(4\pi\varepsilon_0 r)$，$k_0=1/(4\pi\varepsilon_0)=9.0\times10^9$ N·m^2/C^2 より

(1) 原点からの距離は $r_A=1.0$ m，$r_B=r_C=r_D=2.0$ m なので
$E_A=2.0\times10^{-6}\times k_0/1.0^2=1.8\times10^4$ N/C$=1.8\times10^4$ V/m，
$E_B=E_C=E_D=2.0\times10^{-6}\times k_0/2.0^2=4.5\times10^3$ N/C$=4.5\times10^3$ V/m，
$V_A=2.0\times10^{-6}\times k_0/1.0=1.8\times10^4$ N·m/C$=1.8\times10^4$ V，
$V_B=V_C=V_D=2.0\times10^{-6}\times k_0/2.0=9.0\times10^3$ N·m/C$=9.0\times10^3$ V．

(2) $U_A=qV_A=(4.0\times10^{-6})\times(1.8\times10^4)=7.2\times10^{-2}$ J

(3) $W=q(V_A-V_D)=4.0\times10^{-6}\times(1.8\times10^4-9.0\times10^3)=3.6\times10^{-2}$ J

4-3 (1) $\boldsymbol{F}=q\boldsymbol{E}=(0, qE_0)$

(2) $W=\int_O^P \boldsymbol{F}\cdot d\boldsymbol{r}=\int_O^P (F_x dx+F_y dy)=0+[qE_0 y]_0^b=qE_0 b$

(3) $U=-\int_O^P \boldsymbol{F}\cdot d\boldsymbol{r}=-qE_0 b$

102　演習問題　解答例

(4) $U=\displaystyle\int_{\mathrm{O}}^{\mathrm{Q}}\boldsymbol{F}\cdot\mathrm{d}\boldsymbol{r}=-\int_{\mathrm{O}}^{\mathrm{P}}F_y\mathrm{d}y-\int_{\mathrm{P}}^{\mathrm{Q}}F_x\mathrm{d}x=-[qE_0y]_0^b-0=-qE_0b$

$\boxed{4\text{-}4}$ (1) 球の体積は $V_0=(4/3)\pi a^3$ なので，$\rho=Q/V_0=3Q/(4\pi a^3)$ [C/m^3].

(2) 半径 r の体積 $V(r)=(4/3)\pi r^3$，表面積 $S(r)=4\pi r^2$ なので，球内 $(0<r\leqq a)$ では，ガウスの法則から
$E(r)S(r)=\rho V(r)/\varepsilon_0$ であり，$E(r)=\rho r/(3\varepsilon_0)=Qr/(4\pi\varepsilon_0 a^3)$ [V/m].
球外 $(a<r<\infty)$ では，ガウスの法則から $E(r)S(r)=Q/\varepsilon_0$ であり $E(r)=Q/(4\pi\varepsilon_0 r^2)$ [V/m].

(3) 電位 $V(r)=-\displaystyle\int_{\infty}^{r}E(r)\mathrm{d}r$ であり，
球外 $(a<r<\infty)$ では，$V(r)=-\dfrac{Q}{4\pi\varepsilon_0}\displaystyle\int_{\infty}^{r}\left(\dfrac{1}{r^2}\right)\mathrm{d}r=\left[\dfrac{Q}{4\pi\varepsilon_0}\left(\dfrac{1}{r}\right)\right]_{\infty}^{r}=\dfrac{Q}{4\pi\varepsilon_0 r}.$
$V(a)=\dfrac{Q}{4\pi\varepsilon_0 a}$ なので，球内 $(0<r\leqq a)$ では，
$V(r)-V(a)=-\left[\dfrac{Q}{4\pi\varepsilon_0 a^3}\right]\displaystyle\int_{a}^{r}r\mathrm{d}r=-\left[\dfrac{Q}{8\pi\varepsilon_0 a^3}r^2\right]_{a}^{r}=\dfrac{-Qr^2}{8\pi\varepsilon_0 a^3}+\dfrac{Q}{8\pi\varepsilon_0 a}.$　$\therefore V(r)=\dfrac{Q}{8\pi\varepsilon_0 a^3}(3a^2-r^2)$

第5章

$\boxed{5\text{-}1}$ (1) $C=\varepsilon_0\varepsilon_r A/\mathrm{d}=8.85\times10^{-12}\times8\times10^{-2}/0.005=14.2\times10^{-10}$ F

(2) $Q=CV=1.42\times10^{-10}\times1000=1.42\times10^{-7}$ C

(3) $U=(1/2)CV^2=0.5\times1.42\times10^{-10}\times1000^2=7.1\times10^{-5}$ J

(4) 電場空間の体積は $V_0=0.1\times0.1\times0.005=5.0\times10^{-5}$ m^3 なので
$u=U/V_0=1.42$ J/m^3.

$\boxed{5\text{-}2}$ $C=4\pi\varepsilon_0 R=4\pi\times8.85\times10^{-12}\times6.4\times10^6=7.1\times10^{-4}$ F

$\boxed{5\text{-}3}$ (1) 電荷は $Q_1=C_1V$，$Q_2=C_2V$ であり，端子を逆にすると，全電荷は $Q'=(Q_1-Q_2)=(C_1-C_2)V$ となる．
したがって電圧 V' は $V'=Q'/(C_1+C_2)=(C_1-C_2)V/(C_1+C_2)$.

(2) 最初の静電エネルギーは $U=(1/2)(C_1+C_2)V^2$ であり，最終は $U'=(1/2)(C_1+C_2)V'^2=(1/2)$
$(C_1-C_2)^2V^2/(C_1+C_2)$. したがって，失われたエネルギーは $W=U-U'=(1/2)(C_1+C_2)^2(V^2-V'^2)$
$=[2C_1C_2/(C_1+C_2)]V^2$.

(3) 回路に抵抗がある場合には，抵抗によるジュール熱損失としてエネルギーが失われる．回路の抵抗が
無視できる場合には，接続時に大きな往復振動電流が流れ，火花発生とそこでのジュール熱損失や回
路からの電磁波放射としてエネルギー損失が起こる．

$\boxed{5\text{-}4}$ (1) 点電荷 Q から導体面に垂線を下ろし，その点からの距離を r として，そこでの電場 $E(r)$ と面電荷密
度 $\sigma(r)$ を求める．
点電荷 Q だけからの電場の大きさは $E_0=-k_0Q/(r^2+a^2)$ であり，導体に垂直な成分は $E=$
$E_0a/(r^2+a^2)^{1/2}$ である．したがって，点電荷 $+Q$ と $-Q$ とによる合成電場は $E(r)=-2k_0Qa/(r^2+$
$a^2)^{3/2}=-[Q/(2\pi\varepsilon_0)][a/(r^2+a^2)^{3/2}]$.
導体に垂直な電場 $E(r)$ と面電荷密度 $\sigma(r)$ との関係はガウスの法則より $E(r)=\sigma(r)/\varepsilon_0$ なので，$\sigma(r)$
$=-[Q/(2\pi)][a/(r^2+a^2)^{3/2}]$.

(2) 点電荷 $+Q$ にかかる力は，鏡像法による $-Q$ とのクーロン力で求めることができるので，$F=$
$-k_0Q^2/(2a)^2=-Q^2/(16\pi\varepsilon_0 a^2)$.

第6章

6-1　(1) $C_{AB} = C_A C_B / (C_A + C_B) = 1.0$ pF

(2) $C_{ABC} = C_{AB} + C_C = 4.0$ pF

(3) $Q_A = Q_B = C_{AB} V = 40$ pC, $Q_C = C_C V = 120$ pC

(4) $U = (1/2) C_{ABC} V^2 = 0.5 \times 4.0 \times (40)^2 = 3200$ pJ $= 3.2 \times 10^{-9}$ J

6-2　導体球の中心から半径 r[m] での電場の大きさ $E(r)$ は，

$$E(r) = 0 \qquad\qquad (0 \leq r < a)$$

$$E(r) = \frac{Q}{4\pi\varepsilon_0 r^2} \qquad (a < r < \infty)$$

であり，静電エネルギー U は，微小体積 $\mathrm{d}V = 4\pi r^2 \mathrm{d}r$ を用いて

$$U = \int_a^\infty \frac{1}{2}\varepsilon_0 E^2 \mathrm{d}V = \frac{1}{2}\varepsilon_0 \left(\frac{Q}{4\pi\varepsilon_0}\right)^2 \int_a^\infty \frac{1}{r^4} 4\pi r^2 \mathrm{d}r$$

$$= \frac{1}{2}\varepsilon_0 \left(\frac{Q}{4\pi\varepsilon_0}\right)^2 4\pi \left[-\frac{1}{r}\right]_a^\infty = \frac{Q^2}{8\pi\varepsilon_0 a}.$$

6-3　(1) キャパシターを左右半分にして考えると，右は電位容量 $C_0/2$，左は $\varepsilon_r C_0/2$ となり，2 つのキャパシターの並列接続とみなして，合成容量は $(1+\varepsilon_r)C_0/2$ であり，C_0 の $(1+\varepsilon_r)/2$ 倍．

(2) キャパシターを上下半分にして考えると，上は電位容量 $2C_0$，下は $2\varepsilon_r C_0$ となり，2 つのキャパシターの直列接続とみなして，合成容量は $2C_0 \times 2\varepsilon_r C_0 / (2C_0 + 2\varepsilon_r C_r) = 2\varepsilon_r C_0 / (1+\varepsilon_r)$ となり，C_0 の $2\varepsilon_r / (1+\varepsilon_r)$ 倍．

6-4　(1) エネルギー保存則から $(1/2\ mv_0^2) = k_0 q^2 / d_1$. $\therefore d_1 = 2k_0 q^2 / (mv_0^2)$

(2) 最接近は相対速度が 0 の場合であり，そのときにともに v で動いたとして，エネルギー保存則と運動量保存則から $(1/2)mv_0^2 = k_0 q^2 / d_2 + 2 \times (1/2)mv^2$, $mv_0 = 2mv$ であり，$d_2 = 4k_0 q^2 / (mv_0^2)$.

(3) 上記より，$d_2/d_1 = 2$.

第7章

7-1　$\Delta Q = I\Delta t = 0.5 \times 8.0 = 4.0$ C, $N = \Delta Q / e = 4.0 / (1.6 \times 10^{-19}) = 2.5 \times 10^{19}$ 個

7-2　$v = I/(neS) = 10. / (8.5 \times 10^{28} \times 1.6 \times 10^{-19} \times 1.0 \times 10^{-6}) = 7.4 \times 10^{-4}$ m/s

7-3　(1) $\rho = \rho_0(1 + \alpha(T - T_0)) = 1.55 \times 10^{-8} \times (1 + 4.4 \times 10^{-3} \times (25 - 0)) = 1.72 \times 10^{-8}$ Ω·m

(2) $R = \rho L/S = 1.72 \times 10^{-8} \times 20 / (1.0 \times 10^{-6}) = 0.34$ Ω

(3) $I = V/R = 1.5/0.34 = 4.4$ A

7-4　R_0 と R_2 の並列合成抵抗は $R_{02} = \dfrac{R_0 R_2}{R_0 + R_2}$ なので，全抵抗 $R = R_1 + R_{02} = \dfrac{R_0 R_1 + R_1 R_2 + R_2 R_0}{R_0 + R_2}$ [Ω]，全電流 $I = \dfrac{V}{R} = \dfrac{V(R_0 + R_2)}{R_0 R_1 + R_1 R_2 + R_2 R_0}$ [A]. 抵抗 R_0 と R_2 にかかる電圧は $V_{02} = I R_{02} = \dfrac{V R_0 R_2}{R_0 R_1 + R_1 R_2 + R_2 R_0}$ なので $I_0 = \dfrac{V_{02}}{R_0} = \dfrac{V R_2}{R_0 R_1 + R_1 R_2 + R_2 R_0}$ [A].

第8章

8-1　(1) 電流 $I = P/V = 2 \times 10^3 / 100 = 20$ A, (2) 抵抗 $R = V/I = 100/20 = 5$ Ω, (3) 消費電力 $P = V^2/R = 90^2/5 = 1.62 \times 10^3$ W $= 1.62$ kW, (4) 電気使用量は 4 kWh なので料金は 100 円 (注：交流回路では実効値として計算する（13章）).

8-2　(1) 負荷を流れる電流は $I = E/(R + r)$ [A].

104 演習問題 解答例

(2) ジュール損失は $P=RI^2=E^2R/(R+r)^2$ [J].

(3) $x=\sqrt{R/r}$ を用いて $P=E^2/[\sqrt{r}\,(x+1/x)^2]$ となり，$x+1/x$ を最小にするのは $x=1$ であり，P を最大化する条件は $R=r$ [Ω]．

【別解】R に関する P の極値（最大値）を $dP/dR=0$ から求める．

$d(P/E^2)/dR=1/(R+r)^2-2R/(R+r)^3=(r-R)/(R+r)^3=0$ より $R=r$ [Ω]．

8-3 キルヒホッフの第 1 法則により $I_1=I_2+I_3$ であり，キルヒホッフの第 2 法則を $V_1{\to}R_1{\to}R_3{\to}V_1$ のループと $V_2{\to}R_2{\to}R_3{\to}V_2$ のループとに適用すると $I_1+3I_3=44,-2I_2+3I_3=55$ である．I_1 を代入して消去すると $I_2+4I_3=44$ であり $-2I_2+3I_3=55$ と連立させて $I_1=5$ A, $I_2=-8$ A, $I_3=13$ A.

8-4 (1) R_1,R_2,R_3,R_4,R を流れる電流をそれぞれ I_1,I_2,I_3,I_4,I とすれば，図の点 P, 点 Q にキルヒホッフの第一法則を適用して $I_1=I_2+I$, $I_4=I_3+I$ である．左側と右側の三角形の経路および V_0 を含む経路について第二法則を用い，$R_1I_1+RI-R_3I_3=0$, $R_2I_2-R_4I_4-RI=0$, $R_1I_1+R_2I_2=V_0$ となる．未知数の電流は 5 個で，独立な方程式が 5 個できたので，これを解くことで R を流れる電流 I が求まる．第一法則の I_1,I_4 を第二法則に代入して $R_1I_2+(R_1+R)I-R_3I_3=0$, $R_2I_2-R_4I_3-(R_4+R)I=0$, $R_1I+(R_1+R_2)I_2=V_0$ であり，上記の第 1 式と第 2 式から I_3 を消去して $(R_1R_4-R_2R_3)I_2+\{R_1R_4+R_3R_4+(R_3+R_4)R\}I=0$ を得る．これから I_2 を第 3 式に挿入・消去して I が求まる：$(R_1R_4-R_2R_3)R_1I-(R_1+R_2)\{R_1R_4+R_3R_4+(R_3+R_4)R\}I=(R_1R_4-R_2R_3)V_0$．ゆえに $I=(R_2R_3-R_1R_4)V_0/\{(R_1+R_2)(R_3+R_4)R+(R_1+R_2)R_3R_4+(R_3+R_4)R_1R_2\}$．

(2) $I=0$ より $R_2R_3=R_1R_4$．

第 9 章

9-1 $I-(2\pi/\mu_0)rB-(10^7/2)\times0.1\times10^{-3}-500$ A, $H=B/\mu_0=10^{-3}/(4\pi\times10^{-7})=8.0\times10^2$ A/m

9-2 (1) 磁場ベクトルは $d\boldsymbol{B}=(0,dB,0)$ であり，$dB=\dfrac{\mu_0}{4\pi}\dfrac{I\sin\varphi\,dz}{\ell^2}$, $\sin\varphi=\dfrac{R}{\ell}$, $\ell^2=R^2+z^2$. $\therefore dB=\dfrac{\mu_0}{4\pi}\dfrac{IRdz}{(z^2+R^2)^{3/2}}$

(2) $B=\displaystyle\int dB=\dfrac{\mu_0IR}{4\pi}\int_{-\infty}^{\infty}\dfrac{dz}{(z^2+R^2)^{3/2}}=\dfrac{\mu_0IR}{4\pi}\left|\dfrac{z}{R^2(z^2+R^2)^{1/2}}\right|_{-\infty}^{\infty}=\dfrac{\mu_0I}{2\pi R}$ ここでの積分計算は，$z=R\tan\alpha$ ($\alpha=\pi/2-\varphi$) とおいて $dz=Rd\alpha/\cos^2\alpha$, $z^2+R^2=R^2(1+\tan^2\alpha)=R^2/\cos^2\alpha$, $\sin\alpha=z/(z^2+R^2)^{1/2}$ より $\displaystyle\int dz/(z^2+R^2)^{3/2}=\int(Rd\alpha/\cos^2\alpha)/(R^2/\cos^2\alpha)^{3/2}=\int d\alpha\cos\alpha/R^2=\sin\alpha/R^2+C$ となり $\displaystyle\int\dfrac{dz}{(z^2+R^2)^{3/2}}=\dfrac{z}{R^2(z^2+R^2)^{1/2}}+C$ を用いた．

9-3 (1) $d\boldsymbol{B}=(dBr,0,dB_z)$ ビオ・サバールの法則から $dB=\dfrac{\mu_0Ids}{4\pi\ell^2}$, $dB_z=dB\sin\varphi$, $\sin\varphi=R/\ell$, $\ell^2=z^2+R^2$. $\therefore dB_z=\dfrac{\mu_0IRds}{4\pi(z^2+R^2)^{3/2}}$

(2) $B=\displaystyle\int dB_z=\dfrac{\mu_0IR}{4\pi(z^2+R^2)^{3/2}}\int_0^{2\pi}Rd\theta=\dfrac{\mu_0IR^2}{2(z^2+R^2)^{3/2}}$

9-4 磁化の強さを M とすると表面には $+M,-M$ の面密度で磁極が生じていると考える．内外を含む閉曲面（面に垂直な断面積 S の円柱）についてガウスの定理を適用すると $S(H-H')=SM/\mu_0$ である．M は磁場 H' により生じている磁化なので $M=\chi H'$ であり，2 式から H' を消去すると磁化は $M=\chi\mu_0H/(\mu_0+\chi)$ となる．したがって磁場強さは $H'=\mu_0H/(\mu_0+\chi)$ となり，$H'<H$ である．

磁束密度は外部で $B=\mu_0H$ であり，内部で $B'=M+\mu_0H'=\chi\mu_0H/(\mu_0+\chi)+\mu_0^2H/(\mu_0+\chi)=\mu_0H$ なので $B'=B$（磁束密度は連続）である．

第 10 章

10-1 円柱の中心軸からの半径を r とすると，対称性から磁場ベクトル $\boldsymbol{B}(r)$ の大きさは一定で，向きは円周方向である．アンペールの法則から，$0<r\leq a$ の円柱内で $2\pi rB=\mu_0 I(r)=\pi r^2 \mu_0 j$，$\therefore B(r)=(\mu_0 j/2)r$ 一方，$a\leq r$ の円柱外で $2\pi rB=\pi a^2 \mu_0 j$，$\therefore B(r)=(\mu_0 j/2)(a^2/r)$

10-2 (1) $B=\mu_0 I/(2\pi a)=4\pi\times 10^{-7}\times 10/(2\pi\times 0.5)=4\times 10^{-6}$ T，磁場ベクトル $\boldsymbol{B}$ の向きは紙面の表から裏．
(2) $F=|q\boldsymbol{v}\times\boldsymbol{B}|=3\times 10\times 4\times 10^{-6}=1.2\times 10^{-4}$ N，$\boldsymbol{F}$ の向きは $\boldsymbol{v}\times\boldsymbol{B}$ のベクトルの方向より，あるいは，電荷による電流を考えてフレミングの左手の法則より左向き（←）．
(3) $F=|-q\boldsymbol{v}\times\boldsymbol{B}|=3\times 0.5\times 4\times 10^{-6}=6.0\times 10^{-6}$ N，$\boldsymbol{F}$ の向きは上向き（↑）．

10-3 (1) 半径 $r=R+\Delta$ の円の経路でのアンペールの法則を考える．$-a<\Delta<a$ では経路内の全電流は NI であり，$2\pi rB=\mu_0 NI$ なので $B=(\mu_0/2\pi)[NI/(R+\Delta)]$．
(2) コイル外の $r<R-a$ および $r>R+a$ の周回路内の電流値はともにゼロなので，$2\pi rB=0$ より，ともに $B=0$ である．

10-4 ローレンツ力 $q\boldsymbol{v}\times\boldsymbol{B}$ により円運動を描くが，ローレンツ力 qvB と遠心力 mv^2/r がつり合うとして $qvB=mv^2/r$ である．
(1) $v=qrB/m=1.60\times 10^{-19}\times 0.5\times 1/(1.67\times 10^{-27})=4.80\times 10^7$ m/s
(2) エネルギー W は $W=(1/2)mv^2=0.5\times 1.67\times 10^{-27}\times (4.80\times 10^7)^2=1.92\times 10^{-12}$ J であり，1 eV=1.60×10^{-19} J なので $W=1.20\times 10^7$ eV=12.0 MeV．

第 11 章

11-1 電位差 V_θ は，$z:-\infty\to -\ell/2$ で 0 から負のピーク値へ大きさ増加，
$z:-\ell/2\to 0$ では，負のピークから 0 へ大きさ減少，
$z:0\to \ell/2$ では，0 から正のピークへの大きさ増加，
$z:\ell/2\to\infty$ では，正のピークから 0 へ大きさ減少．
電流 I_θ は，$z:-\infty\to 0$ で 0 から負のピーク値へ大きさ増加，
$z:0\to\infty$ で負のピーク値から 0 へ大きさ減少．

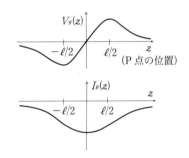

11-2 $\Phi=NBS$，$N=1$，$B=0.1$ Wb/m^2，$S=\pi r^2=3.14$ m^2 $\therefore$ 磁束 $\Phi=3.14\times 10^{-1}$ Wb，発生電圧 $V=|-d\Phi/dt|$
$=3.14\times 10^{-2}$ V．

11-3 (1) $S=S_0+\ell vt=0.1+5t$ [m^2]，(2) $\Phi=BS=BS_0+B\ell vt=0.2+10t$ [Wb]，(3) $V=|-d\Phi/dt|=B\ell v=2.0\times 0.5\times 10=10$ V，(4) 電流は磁束の増加分を打ち消すように流れるので，大きさは $I=V/R=B\ell v/R=0.2$ A で向きは P→Q．

11-4 (1) 円柱座標 (r,θ,z) において，位置 $\boldsymbol{r}=(r,0,0)$，角速度 $\boldsymbol{\omega}=(0,0,\omega)$，速度 $\boldsymbol{v}=\boldsymbol{\omega}\times\boldsymbol{r}=(0,r\omega,0)$，磁場ローレンツ力 $\boldsymbol{F}=(-e)\boldsymbol{v}\times\boldsymbol{B}=(-er\omega B,0,0)$ より $|F|=er\omega B$，向きは $-\boldsymbol{r}$ 方向（中心軸への方向）．
(2) 中心軸からの距離 r と $r+dr$ との間の幅 dr の細い幅のリングを考える．この長さ dr の部分での力は $F=-er\omega B$，電場は $E=r\omega B$，電位差は $dV=\omega Brdr$ である．したがって円板の周辺部と中心軸の間の電位差は，$V=\int dV=\int_0^a \omega Brdr=\frac{1}{2}\omega Ba^2$．

第 12 章

$\boxed{12\text{-}1}$ $(1/2\mu_0)B^2V=[1/(2\times4\pi\times10^{-7})](4.5\times10^{-5})^2(124\times10^4)=1.0\times10^3$ J

$\boxed{12\text{-}2}$ (1) キルヒホッフの第二法則（電圧法則）より $L\mathrm{d}I/\mathrm{d}t+R_\mathrm{A}I=V_\mathrm{A}$.

(2) $I_2=I-V_\mathrm{A}/R_\mathrm{A}$ とおき $L\mathrm{d}I_2/\mathrm{d}t+R_\mathrm{A}I_2=0$, $\displaystyle\int\frac{dI_2}{I_2}=-\frac{R_\mathrm{A}}{L}\int\mathrm{d}t$, $\log I_2=-\frac{R_\mathrm{A}}{L}t+\mathrm{const.}$ $\therefore I_2=I_2(0)\mathrm{e}^{-\frac{R_\mathrm{A}}{L}t}$,

$I_2(0)=-V_\mathrm{A}/R_\mathrm{A}$. したがって $I=\dfrac{V_\mathrm{A}}{R_\mathrm{A}}+I_2=\dfrac{V_\mathrm{A}}{R_\mathrm{A}}(1-\mathrm{e}^{-\frac{R_\mathrm{A}}{L}t})$.

(3) $L\mathrm{d}I/\mathrm{d}t+R_\mathrm{B}I=0$

(4) (3) の解は (2) と同様にして $I=I(t_0)\mathrm{e}^{-\frac{R_\mathrm{B}}{L}(t-t_0)}$, したがって $I(t)=I_0\mathrm{e}^{-\frac{R_\mathrm{B}}{L}(t-t_0)}$.

(5) $W=R_\mathrm{B}\displaystyle\int_{t_0}^{\infty}I^2\mathrm{d}t=R_\mathrm{B}I_0^2\int_{t_0}^{\infty}\mathrm{e}^{-\frac{2R_\mathrm{B}}{L}(t-t_0)}\mathrm{d}t=R_\mathrm{B}I_0^2\left(-\frac{L}{2R_\mathrm{B}}\right)\Big|\mathrm{e}^{-\frac{2R_\mathrm{B}}{L}(t-t_0)}\Big|_{t_0}^{\infty}=\frac{1}{2}LI_0^2$.

コイルの磁気エネルギーが抵抗での熱エネルギーに変換されることになる.

$\boxed{12\text{-}3}$ (1) 電場 $E=10\,\mathrm{kV/cm}=10^6\,\mathrm{V/m}$, 磁場 $B=1\,\mathrm{T}$, 光速 $c=3\times10^8\,\mathrm{m/s}$, エネルギーの比は $\dfrac{W_E}{W_B}=\dfrac{\varepsilon_0}{2}E^2$

$\div\dfrac{1}{2\mu_0}B^2=\left(\dfrac{E}{cB}\right)^2=(1/300)^2=1.1\times10^{-5}$.

(2) 速さ $v=10^2\,\mathrm{m/s}$. $\therefore\dfrac{F_E}{F_B}=\dfrac{qE}{qvB}=\dfrac{1}{v}\left(\dfrac{E}{B}\right)=10^4$

$\boxed{12\text{-}4}$ (1) $1\,\mathrm{h}=60\times60=3.6\times10^3\,\mathrm{s}$, $U=3.6\times10^3\times10^8=3.6\times10^{11}\,\mathrm{J}=3.6\times10^2\,\mathrm{GJ}$

(2) $U=(B^2/2\mu_0)\times V_0=3.6\times10^{11}\,\mathrm{J}$, $B=5\,\mathrm{T}$, $\mu_0=4\pi\times10^{-7}$ $\therefore$ 体積 $V_0=3.62\times10^4\,\mathrm{m}^3$.

(3) $V_0=2\pi^2R_0a_0^2=2\pi^2R_0^3/10^2=3.62\times10^4\,\mathrm{m}^3$, $R_0^3=1.83\times10^5$ $\therefore$ 大半径 $R_0=56.8\,\mathrm{m}$.

(4) アンペールの法則より $2\pi R_0B_0=\mu_0N_0I_0$. $\therefore I_0=(2\pi/\mu_0)R_0B_0/N_0=5\times10^6\times56.8\times5/100=1.42\times10^7\,\mathrm{AT}$

(5) 巻線数 $I_0/(50\times10^3)=1.42\times10^7/(50\times10^3)=284$ 回.

第 13 章

$\boxed{13\text{-}1}$ $\cos(\omega t-\pi/3)=(1/2)\cos\omega t+(\sqrt3/2)\sin\omega t$ なので

$50\cos\omega t+100\cos(\omega t-\pi/3)=100\cos\omega t+50\sqrt3\,\sin\omega t$.

したがって, 合成電圧の最大値は, 三角関数の合成の式より

電圧のピーク値 $V_\mathrm{m}=50\times\sqrt{2^2+(\sqrt3)^2}=50\sqrt7=132\,\mathrm{V}$, 実効値 $V_\mathrm{e}=V_\mathrm{m}/\sqrt2=93.5\,\mathrm{V}$.

$\boxed{13\text{-}2}$ (1) $L\mathrm{d}I/\mathrm{d}t+(1/C)Q=0$, $I=\mathrm{d}Q/\mathrm{d}t$

(2) $\mathrm{d}^2Q/\mathrm{d}t^2=-(1/LC)Q$. この方程式の一般解は角振動数 $\omega=1/(LC)^{1/2}$ として $Q=A\sin(\omega t+\delta)$ である. 初期条件 $Q(0)=Q_0$, $I(0)=0$ より $Q=Q_0\sin(\omega t+\pi/2)=Q_0\cos\omega t$, $I=\mathrm{d}Q/\mathrm{d}t=-Q_0\omega\sin\omega t$.

(3) $U_\mathrm{C}=(1/2)Q^2/C=(Q_0^2/2C)\cos^2\omega t$

$U_\mathrm{L}=(1/2)LI^2=(Q_0^2\omega^2L/2)\sin^2\omega t=(Q_0^2/2C)\sin^2\omega t$

(4) $U_\mathrm{C}+U_\mathrm{L}=(Q_0^2/2C)$ となり, 初期のキャパシターの電気エネルギーである.

$\boxed{13\text{-}3}$ (1) $Z=\sqrt{R^2+\left(\omega L-\dfrac{1}{\omega C}\right)^2}$ を最小にする ω は

$\omega_\mathrm{r}=1/\sqrt{LC}=1/\sqrt{0.5\times10^{-6}\times2\times10^{-6}}=10^3\,s^{-1}$.

(2) $\omega=\omega_\mathrm{r}$ のとき $Z=R=200\,\Omega$, $I_\mathrm{r}=V_\mathrm{e}/Z=100/200=0.5\,\mathrm{A}$.

(3) $\langle P\rangle=V_\mathrm{e}I_\mathrm{e}\cos\varPhi$, $\cos\varPhi=R/Z$, $V_\mathrm{e}=ZI_\mathrm{e}$ であり, $\langle P\rangle=RI_\mathrm{e}^2=50\,\mathrm{W}$.

$\boxed{13\text{-}4}$ CD 間には電流が流れないので, R_1 と L_1 には同じ電流 I_1 が, R_2 と L_2 に電流 I_2 が流れているとして, $R_1I_1=R_2I_2$, $L_1\mathrm{d}I_1/\mathrm{d}t=L_2\mathrm{d}I_2/\mathrm{d}t$. したがって, $R_1/R_2=(\mathrm{d}I_2/\mathrm{d}t)/(\mathrm{d}I_1/\mathrm{d}t)=L_1/L_2$.

第14章

14-1 (1) 極板間には空間的に一様な電場 $E(t)=V(t)/d$ があり，変位電流密度は $j_{\mathrm d}(t)=\varepsilon_0\mathrm{d}E(t)/\mathrm{d}t=(\varepsilon_0/d)\mathrm{d}V(t)/\mathrm{d}t$．または，電流の連続性から $\pi a^2 j_{\mathrm d}(t)=I(t)$ なので $j_{\mathrm d}(t)=\dfrac{I(t)}{\pi a^2}$．したがって $I(t)=\dfrac{\varepsilon_0\pi a^2}{d}\dfrac{\mathrm{d}V(t)}{\mathrm{d}t}$．

(2) アンペール・マックスウェルの法則より，$2\pi r B(r,t)=\mu_0\pi r^2 j_{\mathrm d}(t)$ であり，$B(r,t)=\dfrac{\mu_0 r}{2\pi a^2}I(t)$ となる．

14-2 伝導電流密度 $j(t)=\sigma E(t)=\sigma E_0\cos\omega t$，変位電流密度 $j_{\mathrm d}(t)=\varepsilon_0\dfrac{\partial E(t)}{\partial t}=-\varepsilon_0 E_0\omega\sin\omega t$．(2) 最大値は各々 $\sigma E_0, \varepsilon_0 E_0\omega$ なので，変位電流密度の伝導電流密度に対する比は $\varepsilon_0\omega/\sigma$．

(3) $\omega=2\pi\times 50\,\mathrm{s}^{-1}$ のとき銅では $\varepsilon_0\omega/\sigma=5\times 10^{-17}$，ガラスでは $\varepsilon_0\omega/\sigma=3\times 10^5$．

14-3 毎秒 $1\,\mathrm{mJ}$ のエネルギーが断面積 $\pi\times 0.001^2=3.14\times 10^{-6}\,\mathrm{m}^2$ を通過するのでエネルギー密度 u の流れ S は $S=10^{-3}/(3.14\times 10^{-6})=3.18\times 10^2\,\mathrm{J s^{-1}m^{-2}}$．

光速を $c\,[\mathrm{m/s}]$ とすると，$S=cu$，$u=u_{\mathrm e}+u_{\mathrm m}=\dfrac{\varepsilon_0}{2}E^2+\dfrac{1}{2\mu_0}B^2$．$u_{\mathrm e}=u_{\mathrm m}$，$c=\dfrac{1}{\sqrt{\varepsilon_0\mu_0}}=\dfrac{E}{B}$．したがって，$u=\varepsilon_0 E^2$ より電場は $E=\sqrt{\dfrac{S}{c\varepsilon_0}}=\sqrt{\dfrac{3.18\times 10^2}{3.00\times 10^8\times 8.85\times 10^{-12}}}=3.46\times 10^2\,\mathrm{V/m}$，磁束密度は $B=\dfrac{E}{c}=\dfrac{3.46\times 10^2}{3.00\times 10^8}=1.15\times 10^{-6}\,\mathrm{T}$．

14-4 式 (14.11d) の回転をとると，$\boldsymbol\nabla\times(\boldsymbol\nabla\times\boldsymbol E)+\dfrac{\partial}{\partial t}\boldsymbol\nabla\times\boldsymbol B=0$ であり，式 (14.11a) より $\boldsymbol\nabla(\boldsymbol\nabla\cdot\boldsymbol E)=\dfrac{\boldsymbol\nabla\rho_{\mathrm e}}{\varepsilon_0}=0$ なので $\boldsymbol\nabla\times(\boldsymbol\nabla\times\boldsymbol E)=\boldsymbol\nabla(\boldsymbol\nabla\cdot\boldsymbol E)-\boldsymbol\nabla\cdot\boldsymbol\nabla\boldsymbol E=-\boldsymbol\nabla\cdot\boldsymbol\nabla\boldsymbol E$．式 (14.11c) とオームの法則 $j=\sigma E$ より $\dfrac{\partial}{\partial t}\boldsymbol\nabla\times\boldsymbol B=\mu_0\sigma\dfrac{\partial}{\partial t}\boldsymbol E+\varepsilon_0\mu_0\dfrac{\partial^2}{\partial t^2}\boldsymbol E$ となり，題意の第 1 式が得られる．

同様に，式 (14.11c) で $j=\sigma E$ とおいて回転をとると，$\boldsymbol\nabla\times(\boldsymbol\nabla\times\boldsymbol B)=\mu_0\sigma\boldsymbol\nabla\times\boldsymbol E+\varepsilon_0\mu_0\dfrac{\partial}{\partial t}\boldsymbol\nabla\times\boldsymbol E$．この左辺は式 (14.11b) より $\boldsymbol\nabla\times\boldsymbol\nabla\times\boldsymbol B=\boldsymbol\nabla(\boldsymbol\nabla\cdot\boldsymbol B)-\boldsymbol\nabla\cdot\boldsymbol\nabla\boldsymbol B=-\boldsymbol\nabla\cdot\boldsymbol\nabla\boldsymbol B$ であり，右辺は式 (14.11d) を用いて $-\mu_0\sigma\dfrac{\partial}{\partial t}\boldsymbol B-\varepsilon_0\mu_0\dfrac{\partial^2}{\partial t^2}\boldsymbol B$ となり，題意の第 2 式が得られる．

索　引

あ

アップクォーク（up quark）　*2*
アンペア（[A], ampere）　*39, 60*
アンペア毎メートル（[A/m]）　*51*
アンペールの法則（Ampère's law）　*53*

い

位置エネルギー（potential energy）　*19*
インダクター（inductor）　*70*
インピーダンス（impedance）　*78*

う

ウェーバー（[Wb], weber）　*50*
ウェーバー毎平方メートル（[Wb/m²]）　*53*

お

オーム（[Ω], ohm）　*40*
オームの法則（Ohm's law）　*41*
温度係数（temperature coefficient）　*41*

か

ガウスの法則（Gauss' law）　*16*
重ね合わせの原理（principle of superposition）　*8*

き

起電力（electromotive force）　*46*
キャパシター（capacitor）　*26*
キャパシタンス（capacitance）　*26*
キルヒホッフの電圧法則（Kirchhoff's voltage law）　*47*
キルヒホッフの電流法則（Kirchhoff's current law）　*47*

く

クーロン（[C], coulomb）　*2*
クーロンの法則（Coulomb's law）　*7*
クーロンポテンシャル（Coulomb potential）　*19*
クーロン力（Coulomb force）　*7*

け

結合係数（coupling coefficient）　*71*
原子核（atomic nucleus）　*2*

こ

交流起電力（alternating current electromotive force）　*76*
コンデンサー（capacitor）　*26*

し

磁荷（magnetic charge）　*50*
磁化（magnetization）　*51*
磁界（magnetic field）　*50*
磁界強度（magnetic field strength）　*51*
磁化率（magnetic susceptibility）　*51*
磁気エネルギー（magnetic energy）　*72*
磁気エネルギー密度（magnetic energy density）　*72*
磁気分極（magnetic polarization）　*51*
磁極（magnetic pole）　*50*
磁気量（magnetic charge）　*50*
磁気力（magnetic force）　*50*
自己インダクタンス（self-inductance）　*70*
仕事（work）　*19, 45*
仕事率（power）　*45*
自己誘導（self-induction）　*70*
磁束（magnetic flux）　*65*
磁束密度（magnetic flux density）　*53*
実効値（effective value）　*77*
磁場（magnetic field）　*50*
磁場の強さ（magnetic field strength）　*51*
自由電子（free electron）　*39*
ジュール熱（Joule heat）　*45*
磁力線（magnetic fore line）　*51*
真空の透磁率（vacuum permeability）　*50*
真空の誘電率（vacuum permittivity）　*27*

せ

静電エネルギー（electrostatic energy）　*34*
静電気（static electricity）　*1*
静電気力（electrostatic force）　*7*
静電遮蔽（electrostatic shielding）　*23*
静電ポテンシャル（electrostatic potential）　*19*
静電誘導（electrostatic induction）　*3*
静電容量（electrostatic capacitance）　*26*
静電力（electrostatic force）　*7*
絶縁体（insulator）　*8, 39*

そ

相互インダクタンス（mutual inductance）　71
相互インダクタンスの相反定理（reciprocal theorem of mutual inductance）　71
相互誘導（mutual induction）　70
素電荷（elementary electric charge）　2

た

帯電（electrification）　1
ダウンクォーク（down quark）　2

ち

中性子（neutron）　2
直列抵抗（series resistance）　42

て

抵抗（resistance）　40
抵抗率（resistivity）　41
テスラ（[T], tesla）　53
電圧（voltage）　19
電位（electric potential）　19
電荷（electric charge）　2
電界（electric field）　13
電界強度（electric field strength）　13
電荷素量（elementary charge）　2
電荷（電気量）保存の法則（charge conservation law）　2
電荷量（quantity of electric charge）　2
電気抵抗（electrical resistance）　40, 41
電気抵抗率（electrical resistivity）　9, 40, 41
電気伝導率（electrical conductivity）　9, 40
電気容量（electric capacity）　26
電気力線（electric field line）　14
電気量（electric charge）　2
電子（electron）　2
電磁波（electromagnetic wave）　87
電子ボルト（[eV], electron volt）　22
電磁誘導（electromagnetic induction）　65
電束（electric fiux）　15
電束密度（electric fiux density）　15
点電荷（point charge）　7
電場（electric field）　13
電場の強さ（electric field strength）　13
電流（electric current）　39
電力（electric power）　45

電力量（electric energy）　45

と

導体（conductor）　8, 39
導電率（conductivity）　9

は

箔検電器（foil electroscope）　3
波動方程式（wave equation）　89
パワー（power）　45
半導体（semiconductor）　9

ひ

ビオ・サバールの法則（Biot-Savart law）　54
皮相電力（apparent power）　80
比抵抗（specific resistance）　41
比誘電率（relative permittivity）　34

ふ

ファラッド（[F], farad）　26
フレミングの左手の法則（Fleming's left hand rule）　59
フレミングの右手の法則（Fleming's right hand rule）　66

へ

並列抵抗（parallel resistance）　42
変圧器（transformer）　81
変位電流（displacement current）　85
ヘンリー（単位）（[H], henry）　70

ほ

保存力（conservative force）　19
ポテンシャルエネルギー（potential energy）　19
ボルト（[V], volt）　19

ま

摩擦帯電列表（triboelectric table）　2
摩擦電気（frictional electricity）　1
マックスウェルの方程式（Maxwell's equations）　85

む

無効電力（reactive power）　80

ゆ

有効電力 (effective power)　*80*
誘電体 (dielectric)　*36*
誘導起電力 (induced electromotive force)　*65*
誘導抵抗 (induced resistance)　*78*
誘導電流 (induced current)　*65*
誘導リアクタンス (inductive reactance)　*78*

よ

陽子 (proton)　*2*
容量リアクタンス (capacitive reactance)　*79*

り

リアクタンス (reactance)　*78*

力率 (power factor)　*80*

れ

レンツの法則 (Lenz's law)　*64*

ろ

ローレンツ力 (Lorentz force)　*61*

わ

ワット ([W], watt)　*45*

Memorandum

Memorandum

Memorandum

Memorandum

Memorandum

山﨑耕造（やまざき　こうぞう）

1949年　富山県に生まれる

現　在　名古屋大学 名誉教授，自然科学研究機構 核融合科学研究所 名誉教授，
　　　　総合研究大学院大学 名誉教授

著　書　『エネルギーと環境の科学』（共立出版）
　　　　『トコトンやさしい「プラズマの本」』（日刊工業新聞社）
　　　　『トコトンやさしい「エネルギーの本」』（日刊工業新聞社）
　　　　『トコトンやさしい「太陽の本」』（日刊工業新聞社）
　　　　『トコトンやさしい「太陽エネルギー発電の本」』（日刊工業新聞社）
　　　　『これからの電気のつくりかた』（綜合図書，監修）
　　　　『楽しみながら学ぶ物理入門』（共立出版）

楽しみながら学ぶ電磁気学入門

Introduction to Electromagnetism, Enjoy Learning　　　　　検印廃止

| 2017 年 9 月 25 日　初版 1 刷発行 | 著　者　　山　﨑　耕　造　 © 2017 |
| | 発行者　　南　條　光　章 |

発行所　**共立出版株式会社**

〒112-0006　東京都文京区小日向 4 - 6 -19
電話　03-3947-2511　振替 00110-2-57035
URL http://www.kyoritsu-pub.co.jp/

印刷：精興社／製本：協栄製本

NDC 427／Printed in Japan

一般社団法人
自然科学書協会
会員

ISBN 978-4-320-03601-7

JCOPY ＜出版者著作権管理機構委託出版物＞

本書の無断複製は著作権法上での例外を除き禁じられています．複製される場合は，そのつど事前に，
出版者著作権管理機構（ＴＥＬ：03-3513-6969，ＦＡＸ：03-3513-6979，e-mail：info@jcopy.or.jp）の
許諾を得てください．

毎日コツコツ演習！
1日1題30日でわかる！！

フロー式 物理演習シリーズ

須藤彰三・岡 真〔監修〕／全21巻

物理学の学習スタンダードは、スポーツや楽器の演奏と同じように、教科書でひと通り基礎を勉強した後はひたすら（コツコツ）練習（トレーニング）をする。つまり、1つ物理法則を学んだら、必ずそれに関連した練習問題を解くという学習方法が、最も物理を理解する近道です。本シリーズは、毎日1題、1ヶ月間解くことによって各教科の基礎を理解したと感じることのできる問題集です。重要な例題30問とそれに関連した発展問題から構成されています。また、物理学の言葉は数学で、多くの"等号（＝）"で式が導出されていきます。そして、その等号1つひとつが単なる式変形ではなく、物理的考察が含まれているのです。それも物理学を難しくしている要因です。そこで、この演習問題の中の例題では、フロー式、つまり流れるようにすべての導出の過程を丁寧に記述し、等号の意味がわかるようにしました。さらに、頭の中に物理的イメージを描けるように図を挿入することにしました。自分で図に描けない所が、分からない所、理解していない所である場合が多いのです。このシリーズによって、演習問題を毎日コツコツ解くことで、驚くほど物理の理解が深まることを実感できるでしょう。

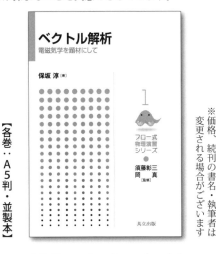

http://www.kyoritsu-pub.co.jp/

共立出版

【各巻：A5判・並製本】

※価格、続刊の書名・執筆者は変更される場合がございます

1. **ベクトル解析** 電磁気学を題材にして
   保坂 淳著 ……………… 140頁・本体2,000円（税別）

2. **複素関数とその応用** 複素平面でみえる物理を理解するために
   佐藤 透著 ……………… 176頁・本体2,000円（税別）

3. **線形代数** 量子力学を中心にして
   中田 仁著 ……………… 174頁・本体2,000円（税別）

4. **高校で物理を履修しなかった人のための力学**
   福島孝治著 …………………………………… 続 刊

5. **質点系の力学** ニュートンの法則から剛体の回転まで
   岡 真著 ……………… 160頁・本体2,000円（税別）

6. **振動と波動** 身近な普遍的現象を理解するために
   田中秀数著 ……………… 152頁・本体2,000円（税別）

7. **高校で物理を履修しなかった人のための熱力学**
   上羽牧夫著 ……………… 174頁・本体2,000円（税別）

8. **熱力学** エントロピーを理解するために
   佐々木一夫著 ……………… 192頁・本体2,000円（税別）

9. **統計力学**
   川勝年洋著 …………………………………… 続 刊

10. **量子統計力学** マクロな現象を量子力学から理解するために
    石原純夫・泉田 渉著 ……192頁・本体2,000円（税別）

11. **高校で物理を履修しなかった人のための電磁気学**
    須藤彰三著 …………………………………… 続 刊

12. **電磁気学**
    武藤一雄・岡 真著 …………………………… 続 刊

13. **物質中の電場と磁場** 物性をより深く理解するために
    村上修一著 ……………… 192頁・本体2,000円（税別）

14. **光と波動**
    須藤彰三著 …………………………………… 続 刊

15. **流体力学**
    境田太樹著 …………………………………… 続 刊

16. **弾性体力学** 変形の物理を理解するために
    中島淳一・三浦 哲著 ……168頁・本体2,000円（税別）

17. **解析力学**
    綿村 哲著 …………………………………… 続 刊

18. **相対論入門** 時空の対称性の視点から
    中村 純著 ……………… 182頁・本体2,000円（税別）

19. **シュレディンガー方程式** 基礎からの量子力学攻略
    鈴木克彦著 ……………… 176頁・本体2,000円（税別）

20. **スピンと角運動** 量子の世界の回転運動を理解するために
    岡本良治著 ……………… 160頁・本体2,000円（税別）

21. **計算物理学** コンピューターで解く凝縮系の物理
    坂井 徹著 ……………… 148頁・本体2,000円（税別）